D1824777

Epigenoma para cuidar tu cuerpo y tu vida

Epigenoma para cuidar tu cuerpo y tu vida

David Bueno i Torrens

Primera edición en esta colección: septiembre de 2018

© David Bueno i Torrens, 2018
© de la presente edición: Plataforma Editorial, 2018

Plataforma Editorial
c/ Muntaner, 269, entlo. 1ª – 08021 Barcelona
Tel.: (+34) 93 494 79 99 – Fax: (+34) 93 419 23 14
www.plataformaeditorial.com
info@plataformaeditorial.com

Depósito legal: B 16305-2018
ISBN: 978-84-17376-43-7
IBIC: PDZ

Printed in Spain – Impreso en España

Diseño de portada:
Alba Ibarz González

Realización de cubierta y fotocomposición:
Grafime

El papel que se ha utilizado para imprimir este libro proviene
de explotaciones forestales controladas, donde se respetan
los valores ecológicos, sociales y el desarrollo sostenible del bosque.

Impresión:
Romanyà Valls
Capellades (Barcelona)

Índice |

A mi esposa,
por modificar mi epigenoma de la mejor manera posible,
a través de la amistad y del amor.

A mis hijos,
a quienes espero estar contribuyendo positivamente
en la construcción de su epigenoma.

A mis padres,
por haberme apoyado siempre.

Prólogo

¿Epi *qué*? ¿Qué es esto del epigenoma? ¿De qué va este libro? Este libro trata, ni más ni menos, de la vida: de la genética y de la biología, que nos hacen ser como somos. Va de nacer y crecer, de madurar y envejecer, de lo que comemos y de cómo amamos, de alegrías y tristezas, de lo que nos sucede por azar y de lo que deseamos, de lo que aprendemos y pensamos y de lo que vamos a dejar a nuestros hijos. Va también de salud y de enfermedad, pero sobre todo nos habla de que el destino no lo llevamos (solo) escrito en nuestros genes. Si los genes fuesen palabras, el epigenoma sería la gramática que permite ordenarlas en frases con sentido. No es lo mismo decir «Te quiero, amor mío», «Quiero té, amor mío», «Quiero amor, té mío» o «Té amor, mío quiero». Las tres primeras tienen sentido, aunque su significado es claramente diferente, y la última es solo un batiburrillo. Este libro va, pues, de la gramática que da pleno sentido a la vida.

Del mismo modo que las palabras están contenidas en un diccionario que especifica su significado y que no podemos alterar a placer, los genes que hemos heredado de nuestros padres también contienen unas instrucciones muy estrictas que nuestro cuerpo no puede dejar de obedecer. La gramática, sin embargo, es mucho más versátil y maleable y, dentro de unos límites, podemos manipularla para redactar desde simples manuales de cocina a poesías excelsas llenas de emoción y sentimientos, usando un mismo vocabulario. Depende de cómo la usemos. Lo mismo hace la epigenética, esta gramática vital que permite integrar el funcionamiento de todos nuestros genes para darles el sentido de la vida. Esta es la propuesta que hago en este libro: conocer la gramática de la vida para comprenderla mejor y, en consecuencia, poder sacar todavía más provecho a nuestra vida.

Barcelona, abril de 2018

Introducción

Rondaban mediados de los ochenta cuando empecé mis estudios de Biología. Justo había terminado el bachillerato, en el que un profesor con el cual todavía conservo amistad me enseñó los primeros secretos de esta disciplina científica. Me fascinaba, y me sigue fascinando, la genética. No en balde me dedico a ella desde entonces, aplicándola muy especialmente –pero no únicamente– al estudio de la formación y el desarrollo del cerebro. Parecía, o al menos eso me parecía a mí, que con el estudio de los genes el misterio de la vida iba a quedar resuelto. ¡Poder predecir cómo será un organismo antes de que nazca, solo por sus genes!

Una década y media después, en 2001 (como la famosa *Odisea en el espacio* de Stanley Kubrick, en la que se narra, de forma exquisitamente poética y visual, la génesis y la evolución biológica y tecnológica de la humanidad), se publicó el primer borrador del genoma humano. El Proyecto Genoma Humano, iniciado diez años antes, empezaba a dar sus frutos. Sus *cien mil* genes quedaban, por primera vez, al descubierto. Por fin íbamos a conocer el misterio de la vida, los recovecos más escondidos de la biología de nuestra especie. Podríamos conocer, por ejemplo, el origen de las más de diez mil enfermedades que tienen un componente genético, entre las cuales algunas tan devastadoras a nivel individual y social como el cáncer y el alzhéimer. Y conocerlas implica tener la oportunidad de domesticarlas.

Y ahí, justo en ese instante, empezaron las sorpresas. Como dice una conocida canción del músico, compositor, actor, abogado y político panameño Rubén Blades, famoso por sus *salsas intelectuales* (como las definen los críticos musicales), «la vida te da sorpresas, sorpresas te da la vida, ay, Dios» (*Pedro Navaja*, 1978). La primera sorpresa fue descubrir que no tenemos cien mil genes, como se suponía, sino *solo* veinte mil trescientos. De repente quedamos reducidos a una quinta parte de lo que pensábamos ser. Tenemos el mismo número de genes que cualquier otro mamífero y solo un puñado más que los gusanos –que tienen unos diecisiete mil– y las moscas –con catorce mil–. Por cierto, las ranas y los sapos tienen más genes que nosotros, hasta cuarenta y cinco mil genes. Pero no hay que mirarlo de esta manera. Veinte mil genes no son ni muchos ni pocos: son simplemente los que necesitamos para ser seres humanos. O, dicho con más propiedad, son los que la evolución ha ido seleccionando pacientemente y cuyo resultado somos nosotros. ¿Qué más queremos? Pero esta no fue la única sorpresa. Lo mejor todavía estaba por llegar.

Estos veinte mil genes ocupan menos del 2 % del genoma humano. El resto, por ese entonces de función desconocida, se denominaba despreciativamente ADN basura (*junk DNA*, en inglés). No servía para nada, pensaban algunos.

Nada más lejos de la realidad. Concluida la parte fundamental del Proyecto Genoma Humano, se inició un nuevo proyecto, denominado **Enciclopedia de los Elementos del ADN** (o ENCODE, el acrónimo de Encyclopedia of DNA Elements), que todavía está en curso. Su misión es analizar sistemáticamente todo el ADN de nuestro genoma para ver qué más esconde, aparte de genes. Pues bien, este proyecto ha descubierto que no existe el ADN basura y que prácticamente todo el genoma tiene una función u otra. Algunos de los genetistas que más difundieron la denominación de ADN basura fueron los primeros que salieron al paso diciendo: «Yo ya imaginaba que todo iba a tener una función y que no hay basura en el ADN». En fin, somos así, qué le vamos a hacer. También esto forma parte de nuestra biología.

¿Cuál es la función del ADN que no contiene genes? Una de las principales funciones de esta «basura» es regular de forma exquisitamente precisa la funcionalidad de los genes. Si comparamos los genes con el motor de una motocicleta, el resto del vehículo correspondería a este ADN. Serían sus ruedas, el chasis, el manillar, el acelerador, los frenos, el cambio de marchas y todos los elementos de seguridad activa y pasiva. Sin el resto de las piezas, el motor no sirve para nada, no nos va a llevar a ninguna parte.

Y es aquí, en este preciso instante, cuando entra en juego la epigenética. De hecho, ya estaba en la cancha de juego, pero sentada en el banquillo, esperando la oportunidad de mostrar su valía y empezar a meter canastas. En la década de los cuarenta se describieron los primeros fenómenos epigenéticos, pero hasta finales del siglo XX no se empezó a apreciar su auténtica magnitud. Y es posible que todavía estemos subestimándola. A finales de la década de los ochenta, en el último curso de mi licenciatura en Biología, cursé una asignatura que por aquel entonces se denominaba Epigenética y que también marcó mi progresión posterior como científico. En esta asignatura se trataba el tema de la biología del desarrollo, es decir, de los procesos moleculares, celulares y genéticos que conducen a la célula huevo hasta el nacimiento de un nuevo organismo. En esa época, como se venía haciendo desde 1940, la palabra *epigenética* se usaba para describir los procesos de diferenciación celular que se producen durante el desarrollo embrionario y la adquisición de la forma de los organismos y de la funcionalidad de todos los órganos hasta constituir un organismo adulto. No es de esta epigenética de la que trata este libro, porque actualmente se le da otro significado a esta palabra. Como los seres vivos, el lenguaje también evoluciona para adaptarse a los nuevos tiempos, incluso la terminología científica.

Actualmente, la epigenética se inscribe directamente en la regulación de la función de los genes. Dicho de otro modo, es uno de los diversos mecanismos que usan nuestras células para gestionar qué genes funcionan en un lugar determinado y en un momento dado y cuáles se mantienen silenciados. Y se sustenta, precisamente, en el anteriormente denominado ADN basura. Las modificaciones epigenéticas, como se las llama, actúan a modo de señales de tráfico. Consisten en la adición de determinadas moléculas en sitios concretos del

ADN o de las proteínas que lo acompañan y, como una señal de STOP o de Dirección obligatoria, regulan la funcionalidad de los genes que se encuentran a su alrededor. Y si no lo hacen bien, pueden desencadenar enfermedades de origen genético, como algunos tipos de cáncer e incluso enfermedades cerebrales, como depresión y autismo. Y es aquí donde aparece una segunda sorpresa.

Los genes que forman nuestro genoma los hemos heredado, todos, de nuestros padres, la mitad de nuestra madre y la otra mitad de nuestro padre. Y ellos los heredaron de los suyos, hasta el principio de los tiempos. No elegimos qué genes heredamos ni cuáles pasamos a nuestros hijos. Nos tocan los que nos tocan, y punto. No es eso lo que sucede con las modificaciones epigenéticas o, al menos, no con todas. Se van construyendo con el paso del tiempo, y a veces también se van eliminando. No son permanentes como los genes, sino temporales, aunque muy a menudo duran toda la vida de una persona, condicionando cómo funcionan sus genes. Esto no es, en sí mismo, ninguna sorpresa. La sorpresa es que, a diferencia de los genes que heredamos, buena parte de las modificaciones epigenéticas sí dependen de nosotros y de nuestro estilo de vida. Según como este sea y en función de los imprevisibles azares que nos depare la vida, se fijarán unas modificaciones epigenéticas u otras. E incluso en algunos casos dependen de nuestros propios pensamientos.

El genoma, como digo, no depende de nosotros, pero el epigenoma, hasta cierto punto, sí. No podemos decidir qué genes heredamos ni tampoco cuáles transmitimos a nuestros hijos, pero podemos influir en cómo funcionan a través de las modificaciones epigenéticas. Volviendo al ejemplo de la motocicleta: con un mismo motor (el genoma) podemos conducir de muchas formas diferentes (el epigenoma). O, según el ejemplo de las palabras y la gramática que proponía en el prólogo, con unas mismas palabras puedo construir frases muy diferentes según cómo las use. Un mismo genoma puede hacernos mucho más proclives a padecer cáncer o a sufrir depresiones o, en cambio, a no padecer esta enfermedad o a ser más optimistas en función de cuál sea nuestro epigenoma, esta suerte de señales de tránsito o de reglas gramaticales, por poner un par de ejemplos.

Es de esta epigenética de la que trata el libro, de cómo y por qué se añaden estas modificaciones y de qué consecuencias tienen, siempre en función de nuestro estilo de vida. Repito: hasta cierto punto, el epigenoma depende de nosotros, por lo que conocer cómo se forma y qué factores le influyen puede sernos de gran ayuda. No es todavía una ciencia exacta, y puede que nunca lo sea. Tampoco consigue milagros, porque los milagros no existen. Y en ningún caso lo que usted lea en este libro puede reemplazar el consejo de un médico titulado, nunca jamás, quede bien claro. Pero puede ayudarnos, y toda ayuda debe ser siempre bienvenida, por pequeña que pueda parecer. Que nadie espere recetas, porque de momento no las hay. Solo reflexiones y un montón de curiosidades que nos ayudarán a entender cómo somos y por qué somos como somos. Por eso empezaba el prólogo diciendo que este libro trata de la vida.

Y es aquí donde surgen las últimas sorpresas que encierra este tema. Nuestro estilo de vida no solo afecta a nuestro epigenoma, sino que en algunos casos puede afectar también al epigenoma de nuestros hijos todavía no concebidos, e incluso al de nuestros nietos. Aunque estas modificaciones tienden a desaparecer entre una generación y la siguiente para que cada individuo construya su propio epigenoma según cuál sea su estilo de vida, algunas pueden transmitirse de padres a hijos hasta durante tres generaciones, lo que hace que las decisiones que tomamos hoy puedan influir en cómo funcionarán los genes de nuestros descendientes. La responsabilidad que tenemos, pues, es mayor de la que inicialmente podíamos sospechar.

Hablaré, pues, de qué son estas modificaciones y cómo se generan y de qué manera influyen en el funcionamiento de los genes. Todos los ejemplos que citaré provienen de la literatura científica, para demostrar hasta qué punto podemos influir en nuestro epigenoma y qué consecuencias tiene eso. Veremos que la alimentación, los hábitos, como fumar o hacer deporte, la manera como tratamos a los demás y como nos tratamos a nosotros mismos, entre otros muchos factores, fraguan nuestro epigenoma y a través de él contribuyen a forjar nuestra salud e incluso muchos aspectos de nuestro carácter –y también la salud y el carácter de nuestros descendientes.

Bienvenidos a la gramática de la vida.

La primera sorpresa

«El genoma humano es un fantástico y hermoso poema, una magnífica obra de la química tras cuatro mil millones de años del arte de la evolución.»

GILLIAN K. FERGUSON (1965)
Poeta escocesa. Fragmento de un poema de
The Human Genome: Poems on the Book of Life

«Antes pensábamos que nuestro futuro estaba en las estrellas. Ahora sabemos que está en nuestros genes.»

JAMES D. WATSON (1928)
Biólogo norteamericano codescubridor
de la estructura del ADN –lo que le valió
el premio Nobel de Medicina o Fisiología en 1962–
e impulsor del Proyecto Genoma Humano

1.
Genes y genoma: así somos, o así nos hacen

Sin lugar a duda, uno de los mayores placeres de mi vida ha sido, y es, tener hijos. Por supuesto que también lo es tener amigos y, por encima de todo, estar junto a mi esposa. También lo es dedicarme profesionalmente a lo que más me motiva, y salir siempre que puedo a disfrutar de la naturaleza en buena compañía, haciendo travesías a pie o en bicicleta de montaña, en cualquier época del año. Puede parecer exagerado, pero todas estas actividades influyen en la manera como funciona mi genoma –y, de manera recíproca, la manera cómo funciona mi genoma influye en cómo y por qué hago estas actividades–. Hablemos un momento de los hijos. Son muchas las cosas que les transmitimos, y también las que nuestros padres nos transmitieron a nosotros, generación tras generación, desde el inicio de nuestro linaje, hace centenares de miles de años, allá en África: un idioma, una cultura, unas costumbres, una alimentación y una sucesión larguísima de experiencias que muy a menudo nos pasan desapercibidas, pero que igualmente nos van marcando, y que condicionan el crecimiento y la salud física y mental, al mismo tiempo que forjan el carácter. Pero ¿es eso lo único que les transmitimos?

La guinda del canapé (o la punta del iceberg)

Como deben estar suponiendo, a los hijos también les transmitimos una buena dosis de biología en forma de genes. Cada progenitor pasa a sus descendientes la mitad exacta de sus genes, los cuales se combinan con la mitad que les transmite el otro progenitor para que dirijan conjuntamente las funciones biológicas del nuevo individuo. Desde la perspectiva biológica, existe la costumbre de pensar en la herencia biológica en términos exclusivos de la secuencia del ADN: unos cromosomas que pasan de padres a hijos a través de las células reproductoras –los óvulos y los espermatozoides–. Pero esta es solo una parte de la historia, la punta de un iceberg cuyas dimensiones ocultas superan, de largo, las visibles. O la guinda del canapé, que, por muy vistosa que pueda llegar a ser, es solo una parte del bocado, aunque puede esconder lo que hay debajo, más sustancioso todavía.

Los genes que transmitimos a nuestros descendientes determinan y condicionan muchas de sus características biológicas. Pero ¿qué pensarían si les dijese, ya de entrada y sin más preámbulos, que, por ejemplo, jugar con los hijos influye en la manera como funciona su ADN, en cómo se activan los genes que les hemos transmitido y que estas alteraciones pueden condicionarlos el resto de su vida? Quiero dejar una cosa muy clara desde el principio: alterar la manera como funcionan algunos genes no implica en ningún caso alterar los genes mismos, modificarlos para que digan una cosa distinta a la original. Siguen diciendo lo mismo, es decir, continúan conteniendo exactamente la misma información, pero se va a usar de manera ligeramente diferente. Es como conducir una motocicleta: un mismo vehículo se puede conducir de muchas maneras diferentes, pero el vehículo continuará siendo exactamente el mismo –aunque el resultado de la conducción difiera en función de si somos prudentes o no–. Empecemos con un caso real, que no resolveremos completamente ahora pero que nos permitirá adentrarnos en nuestra genética.

Hace más de un par de décadas, un grupo de investigadores de la Universidad McGill en Quebec (Canadá) empezó a estudiar la respuesta al estrés en adultos en función de cómo había sido su infancia. Analizan de qué manera el desarrollo infantil influye en la resistencia o en la vulnerabilidad de cada persona hacia las situaciones que les provocan estrés. Usualmente no trabajan con personas, puesto que no resulta sencillo evaluar de forma objetiva todos los parámetros que influyeron en su infancia. Trabajan normalmente con modelos animales, básicamente roedores, por diversos motivos, todos ellos de peso. Por un lado, por cuestiones éticas que resultan obvias: no se pueden hacer experimentos manipulando a personas. Por otro, porque los roedores, más concretamente las ratas y los ratones, comparten con nosotros el 95 % de su genoma. Es decir, que la información que contiene su ADN es prácticamente idéntica a la que contiene el nuestro. A pesar de las evidentes diferencias morfológicas y cerebrales, nos parecemos mucho más de lo que suele suponerse. Esto hace que, salvando las distancias, los datos experimentales que se obtienen en estos animales sean razonablemente extrapolables a nuestra especie. De hecho, a nivel evolutivo, si consideramos que los primates son nuestros hermanos, los roedores vendrían a ser como nuestros primos. Dicho de otro modo, los animales más parecidos a las personas después de los monos son las ratas y los ratones. Además, resulta que las ratas también juegan y hasta cierto punto educan a sus crías, lo que permite estudiar el efecto de los juegos maternos sobre el desarrollo de sus crías.

En 2004 publicaron un artículo que sacudió los cimientos de la genética del comportamiento. Es una rama de la genética que analiza de qué modo y hasta qué punto los genes influyen en los distintos tipos de comportamiento que cada especie y cada individuo pueden manifestar. Sus estudios pusieron de manifiesto cómo las experiencias tempranas pueden dejar una «marca» que influencia tanto el comportamiento como la salud a lo largo de la vida.

Que las experiencias tempranas pueden dejar marca ya se sabía desde hacía tiempo, pero no quedaba claro cómo lo hacían. Se sabía que cualquier experiencia deja una marca en el cerebro en forma de conexiones neurales nuevas o potenciando o mutilando las ya existentes. Y también se sabía que estas conexiones son las que generan los patrones de conducta. En un capítulo posterior, cuando ahondemos en los secretos de la epigenética, trataré el tema del cerebro con más extensión, puesto que el epigenoma desempeña un papel crucial en él. Lo que no se sabía antes de que se publicase este trabajo es que estas experiencias tempranas también pueden actuar a un nivel biológico mucho más básico y primigenio, en el funcionamiento del mismísimo ADN.

Las hembras de rata son unas auténticas madrazas. No así los machos de esta especie, que no intervienen para nada en la crianza de sus hijos, a diferencia de cómo es, o cómo debería ser, en la especie humana. Las madres se pasan mucho rato lamiendo, aseando y cuidando a sus crías y jugueteando con ellas. Pero no todas les dedican la misma atención. Unas ratas lo hacen con mucha más intensidad que otras. En todos los comportamientos, por muy instintivos que puedan ser, siempre hay variabilidad entre unos individuos y otros. Pues bien, los primeros estudios de este grupo de investigación quebequés pusieron de manifiesto que la respuesta conductual y hormonal al estrés durante la adultez en las ratas depende de la atención materna que hayan recibido durante la primera semana de vida. Siete días que pueden condicionar el resto de su vida.

Los cuidados que reciben los primeros días después del nacimiento condicionan como mínimo algunos aspectos del comportamiento que van a manifestar cuando hayan alcanzado la edad adulta, hacia los dos meses de edad. Así, las crías que han tenido unas madres que les prestan poca atención son mucho más reactivas e impulsivas ante situaciones de estrés, mientras que las que han tenido madres que les han prestado atención pueden gestionarlas mucho mejor. Estas últimas, además, se muestran mucho más curiosas y sociables durante el resto de su vida, mientras que las primeras rehúyen las novedades y son mucho más ariscas. Se ha visto, por ejemplo, que cuando se introduce una rata desconocida en su jaula, las que han tenido madres que les han prestado atención se le acercan y la olisquean movidas por la curiosidad, mientras que las otras tienden a rechazarla con mucha más frecuencia. Lo mismo sucede si en su jaula se introduce cualquier objeto: las curiosas lo examinan y reexaminan –hasta juegan con ese objeto– y las otras tardan mucho más en acercarse a ver de qué se trata –y lo hacen más movidas por el miedo que por la curiosidad.

¿A qué se deben estas diferencias? ¿Son simplemente un reflejo de lo que han aprendido y ha quedado grabado en su cerebro, en las conexiones neuronales de su memoria? Es decir, ¿reproducen el modelo materno por simple aprendizaje e imitación o hay algo más? Pues bien, hay mucho más. Sin descartar los efectos del aprendizaje y la imitación, también comprobados y sin lugar a dudas muy importantes, estos investigadores vieron que las crías que han recibido una mayor atención por parte de su madre durante la primera semana de vida muestran un aumento significativo en la expresión de un gen muy concreto denominado **receptor de glucocorticoide**. Y también comprobaron que este incremento de expresión se produce en una zona específica del cerebro: en el hipotálamo. La función de este receptor es recibir las señales que transmiten los glucocorticoides, unas hormonas que, entre otras muchas funciones, contribuyen precisamente a gestionar el estrés. Y, a su vez, esta región del cerebro llamada **hipotálamo** está implicada también en la regulación de la respuesta hormonal al estrés. Parece que, de algún modo, las piezas encajan.

Dicho de forma coloquial, las crías de rata que han recibido mucha atención materna, por el simple hecho de que su madre las haya aseado, cuidado y jugado con ellas, tienden a ser adultos más tranquilos y curiosos porque pueden gestionar mejor las situaciones de estrés, no solo porque así lo han aprendido, sino también a un nivel mucho más básico, genético. En cambio, las crías que reciben poca atención, al crecer, tienden a ser más ansiosas y ariscas también a nivel de funcionamiento genético, no solo por aprendizaje.

Quizás lo más sorprendente de estos primeros estudios fue la evidencia de que los efectos de la crianza materna sobre la expresión génica y la respuesta al estrés no dependen de los genes concretos que les pasan las madres, a pesar del claro componente genético de este efecto a través del gen del receptor de glucocorticoides. Esto se comprueba sencillamente realizando experimentos de crianza cruzada. Se cogen crías recién nacidas de madres poco atentas —y que, por lo tanto, han heredado sus genes— y se hace que las adopten madres atentas que también acaban de parir. Las madres atentas las cuidarán del mismo modo que si fuesen sus propias crías. Después se las deja crecer hasta la edad adulta y se observa cómo responden al estrés. Y también, se hace lo mismo con crías nacidas de madres atentas que han sido adoptadas por madres poco atentas. El resultado es concluyente: con independencia de su origen genético por nacimiento, es decir, de los genes que les hayan pasado sus madres, las crías cuidadas por madres atentas gestionan mucho mejor el estrés cuando llegan a la adultez que las crías cuidadas por madres poco atentas.

Dicho de otro modo, a pesar de ser un efecto genético, no depende solo de los genes concretos que les han pasado sus progenitores, sino, sobre todo, de cómo la crianza, un efecto ambiental, altera la manera como estos genes funcionan. El secreto, como deben estar suponiendo, se encuentra en la epigenética, y actúa de forma parecida en la especie humana. Por este motivo la epigenética no solo debería despertarnos curiosidad. Cada vez está más claro que contribuye de manera muy importante a que seamos como somos, por lo que conocer sus bases ha pasado a ser, ya, una necesidad. En los próximos capítulos veremos ejemplos que afectan a nuestro cuerpo y a nuestra mente, a la salud y a la enfermedad.

«Caramba, vaya embrollo», tal vez estén pensando. Conceptualmente es mucho más simple de lo que parece —y también más importante, por lo vasto y variado de sus efectos—, pero para ahondar en este aparente misterio hay que empezar por el principio, por explicar qué son los genes y qué hacen. Así, para situarnos en el contexto adecuado, empezaremos viendo la punta del iceberg. Y, una vez orientados, podremos examinar la parte sumergida. Si el vigía del Titanic hubiese avistado un poco antes el iceberg que los sentenció, o si el primer oficial al mando, William M. Murdoch, hubiese dirigido la nave con más soltura –se dice a partir de los informes que sus decisiones no fueron afortunadas–, tal vez la tragedia no se habría producido. Empecemos, pues, por avistar la punta de este particular iceberg, lo que nos permitirá movernos luego con más soltura a su alrededor.

Una ración de genes

La epigenética actúa sobre los genes, así que hablemos de genes, de qué son y qué hacen. Empezaré diciendo que las personas tenemos unos veinte mil trescientos genes diferentes que constituyen el núcleo vital de nuestra biología. Los genes son las unidades de información biológica. Hay genes que indican cómo debe construirse cada parte de nuestro cuerpo durante el desarrollo embrionario, otros, cómo debe funcionar, etcétera. Vendrían a ser el equivalente a las instrucciones de un programa de ordenador o de una aplicación informática. Cada instrucción sirve para una cosa diferente dentro del conjunto, pero ninguna es suficiente por ella misma. Entre todas permiten que la aplicación funcione y realice su tarea. En el caso de los genes, en la mayoría de los casos su función es dirigir de forma precisa y exacta la síntesis de las proteínas. Cada gen lleva la información para que las células de nuestro cuerpo fabriquen una o más de una proteína diferentes, y son estas proteínas las que realizan las funciones vitales. Los genes solo almacenan la información y sirven para que esta se transmita de padres a hijos.

Dicho así puede parecer todavía un poco opaco, especialmente para el lector que no tenga formación en biología. Veamos un ejemplo para clarificarlo más. Uno de los muchos genes de nuestro genoma lleva la información necesaria para que algunas células del páncreas, denominadas **células beta**, fabriquen insulina. La insulina es una hormona proteica que gestiona los azúcares que ingerimos con la alimentación para que no se acumulen en la sangre y se almacenen de forma correcta para cuando nos sea necesario utilizarlos. Este gen es, por lo tanto, una unidad de información biológica (gestionar los azúcares que ingerimos) que permite fabricar una proteína específica (la insulina). Por cierto, la alteración de este sistema es una de las causas de diabetes y se sabe que en algunos pacientes esta alteración es debida a modificaciones epigenéticas anómalas, las cuales, a su vez, pueden ser producidas por factores ambientales como una nutrición desequilibrada o la falta de ejercicio físico. En estos casos, el gen de la insulina es perfectamente normal, pero no se activa de forma correcta debido a estas modificaciones epigenéticas anómalas. Como decía en el apartado anterior, conocer las bases de la epigenética es una auténtica necesidad en muchos campos de la salud humana –si no en todos.

Sigamos hablando de genes, ya tendremos tiempo de tratar las modificaciones epigenéticas. La mayor parte de los genes los tenemos por duplicado; una de las copias la hemos heredado de nuestra madre y la otra, de nuestro padre. Del mismo modo, cuando concebimos un hijo le pasamos la mitad de nuestros genes, exactamente uno de cada, para que no le falte ninguno. Y nuestra pareja le pasa justo la otra mitad, también uno de cada tipo. Así, el descendiente vuelve a tener dos copias de cada gen. Lo que no podemos controlar es qué copia concreta de cada par le pasamos. Puede ser una o la otra, con el 50 % de probabilidad, por azar. Es como tirar una moneda al aire: por azar puede salir cara o cruz, también con el 50 % de probabilidades. Qué gen concreto le pasamos de cada par es fruto del azar, un azar nuevo en cada hijo. El hecho de que un hijo haya heredado una copia concreta no condiciona de ningún modo la que heredará el siguiente descendiente. Puede ser la misma o la otra, también al 50 % de probabilidad, nuevamente por azar. Este azar es lo que hace que los hermanos no sean nunca exactamente iguales a nivel genético, a excepción de los gemelos (que también hablaremos de ellos, puesto que tener exactamente los mismos genes no implica que posean las mismas modificaciones epigenéticas para regularlos).

Sintetizando, los genes son las instrucciones de la vida. Hacen que nuestro cuerpo se construya, funcione y responda a los cambios del entorno de la forma más precisa posible. Imaginemos ahora que acabamos de comprar un tren eléctrico para jugar con nuestros hijos (o para construirlo nosotros solos, como hace un buen amigo mío con quien llevo más de cuarenta años de amistad compartida, lo que, sin duda, ha influido en nuestros respectivos epigenomas, como también sin duda ha sucedido con el resto de mis amigos): lo desembalamos y, después de admirar la miríada de piezas que contiene y la belleza de la locomotora y los vagones, buscamos el manual de instrucciones. Lo construimos pacientemente, poniendo cada pieza en su lugar, y, una vez listo, lo ponemos en marcha. Releemos entonces el manual para conseguir que funcione correctamente. Pues bien, esta es también la función de los genes: proporcionar las instrucciones necesarias para formar nuestro cuerpo y hacerlo funcionar. Pero en vez de estar escritas con palabras, como sería el caso de las instrucciones para montar un tren eléctrico, su lenguaje es químico y viene dado por una molécula muy, pero que muy especial: el ADN (o ácido desoxirribonucleico; también hay quien lo llama DNA, por las iniciales en inglés, que es el idioma franco de la ciencia).

El ADN está formado por la unión lineal de cuatro moléculas diferentes, los nucleótidos. Los cuatro nucleótidos que forman el ADN se denominan **adenina**, **guanina**, **citosina** y **timina** o, simplemente A, G, C y T, por las iniciales de su nombre. Cada cadena de ADN contiene millones de nucleótidos unidos uno tras otro, en combinaciones diferentes. El cromosoma humano número 1, por ejemplo, que es el más grande, está formado por una única hebra de ADN que contiene algo más de doscientos sesenta millones de nucleótidos unidos uno tras otro, formando una larguísima hilera. Y el más pequeño, que es el denominado **cromosoma** *Y* y que determina el sexo masculino, contiene unos cincuenta millones de nucleótidos. En total, el ADN humano está formado por unos tres mil doscientos millones de nucleótidos.

Precisamente, el mensaje que lleva escrito cada gen depende de la combinación de nucleótidos de ese fragmento de ADN. Por ejemplo, la secuencia:

AGCCCTCCAGGACAGGCTGCATCAGAAGAG

corresponde a los primeros treinta nucleótidos del gen de la insulina (antes lo he mencionado como un ejemplo). En cambio, la secuencia:

ATGGGGAACCGCAGCACCGCGGACGCGGAC

corresponde a los treinta primeros nucleótidos de un gen diferente (por eso la secuencia de letras es también diferente). En este caso corresponde a uno de los receptores de la dopamina, un neurotransmisor de actuación cerebral implicado en la motivación, el aprendizaje y las sensaciones de recompensa. Por cierto, el estilo de vida, e incluso algunos aspectos de la alimentación, también influyen en las modificaciones epigenéticas que contribuyen a regular cómo funciona este gen y, en consecuencia, pueden afectar a nuestro estado de ánimo. Ya hablaremos más delante de este caso, pero, a modo de «motivación», avanzaré que las dietas excesivamente ricas en grasas de origen animal disminuyen la funcionalidad de este gen, lo que disminuye las sensaciones de recompensa y placer.

Regresemos al ADN. Estas ristras de nucleótidos se presentan siempre en forma de doble cadena, la cual se encuenta enrollada como una hélice (o, mejor dicho, como una doble hélice, puesto que son dos cadenas enrolladas sobre sí mismas). Los nucleótidos de estas dos cadenas, además, se encuentran siempre emparejados de la misma forma. Cuando en una cadena hay una T, en la posición enfrentada de la otra siempre hay una A, sin excepción. Y cuando en una hay una G, en la otra siempre hay una C. Invariablemente. Por ejemplo, la doble cadena completa de los treinta primeros nucleótidos del gen de la insulina humana sería:

```
AGCCCTCCAGGACAGGCTGCATCAGAAGAG
TCGGGTGGTCCTGTCCGACGTAGACTTCTC
```

Todo esto que estoy explicando tiene relación directa con aspectos clave de la epigenética, que es el tema del libro, por lo que estos detalles no son baladíes. Prosigamos. El ADN se encuentra dentro de todas las células de nuestro cuerpo, en un compartimento especial que se denomina **núcleo**. Todas las células de una persona tienen el mismo ADN, con las mismas instrucciones, dentro de su núcleo. Y aquí nos encontramos con un prodigio de la prestidigitación que supera las capacidades del mejor mago del mundo. Si ponemos todo el ADN de una única célula humana unido en solo hilillo, sus tres mil doscientos millones de nucleótidos, alcanzaría la nada despreciable longitud de dos metros y medio. Puede que dicho así no signifique gran cosa, pero todo este ADN, este hilo de dos metros y medio de longitud, está contenido dentro de un núcleo celular que mide como mucho seis micrómetros de diámetro. Un micrómetro equivale a una milésima parte de un milímetro, por lo que estos dos metros y medio de ADN deben empaquetarse y reducir su longitud más de dos mil veces para caber dentro de cada célula. ¿Podría un mago reducir el conejo que sale de su chistera al tamaño de una pulga? Sin duda, la respuesta es que no. Puede engañar a nuestros ojos con sus trucos, pero no reducir el tamaño efectivo del conejo. ¿Cómo lo consigue, pues, el ADN?

El ADN no está jamás solo, sino que se presenta siempre asociado a diversas proteínas que lo ayudan a empaquetarse y reempaquetarse sin que pierda su funcionalidad. Porque no se trata de hacer una maraña compacta de hilos, sino de guardarlos ordenadamente y en buen estado de funcionamiento. De forma general, las proteínas que contribuyen al empaquetamiento del ADN se denominan **histonas**, y hay cinco tipos diferentes, denominados **H1, H2A, H2B, H3** y **H4**. Más adelante, cuando hablemos de las modificaciones epigenéticas, volveremos a tratar este tema y a hablar de las histonas. De momento solo avanzaré que hay dos grandes clases de modificaciones epigenéticas: las que se hacen directamente sobre las fibras de ADN (por eso he hablado de cómo es esta fibra) y las que se establecen sobre las histonas, las proteínas que las acompañan (figura 1). Todas contribuyen a regular la funcionalidad de los genes en interacción con el ambiente, pero de forma distinta.

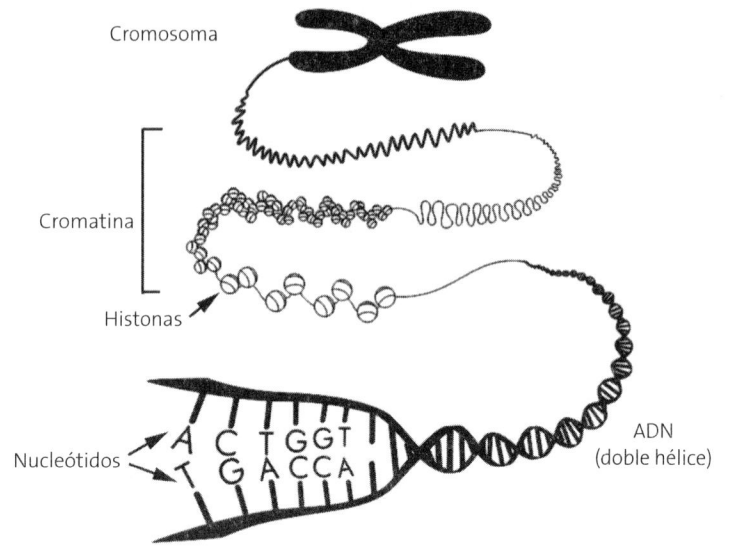

Figura 1. Estructura general del material hereditario. Se muestran los nucleótidos, la doble cadena del ADN y las histonas, las proteínas que contribuyen a su plegamiento dentro de las células. También se muestran los diversos niveles de plegamiento. Obsérvese cómo la doble hélice de ADN se enrosca alrededor de las histonas. Las modificaciones epigenéticas pueden producirse sobre la doble hélice de ADN, en nucleótidos concretos y también en las proteínas histonas que lo acompañan.

De tapeo con los genes

¿Cuántos genes tenemos? Como ya he avanzado, según el último recuento realizado en 2016 a partir de los resultados del Proyecto Genoma Humano, tenemos unos veinte mil trescientos genes diferentes. Y la gran mayoría, como ya he dicho, los tenemos por duplicado: de cada pareja, uno proviene de la madre y el otro, del padre. El conjunto de todo este ADN constituye nuestro genoma, que está repartido en veintitrés pares de cromosomas. Nuevamente, de cada par de cromosomas uno proviene de la madre y el otro del padre. Y cada cromosoma está formado por una única fibra de ADN unida a infinitud de proteínas, como las histonas de las que hablaba en el apartado anterior.

En este contexto, cada gen se corresponde con una porción de secuencia de ADN. Así, si un gen se corresponde con una ración, analizar el genoma completo sería como ir de tapeo (un tapeo con veinte mil trescientas tapas diferentes). Cada gen contiene una o varias instrucciones para fabricar alguna parte del cuerpo o para hacer que funcione y, como ya he dicho, generalmente dirigen la fabricación de proteínas específicas. Por ejemplo, hay un gen que indica en qué punto concreto del cuerpo se deben formar los brazos y las manos durante el desarrollo embrionario; otro lleva las instrucciones para fabricar la miosina del corazón, que es una de las proteínas que lo hacen latir; los hay que estimulan las neuronas para que realicen conexiones nuevas, mientras que otros contribuyen a fabricar las sustancias que utilizan las células del cerebro para comunicarse entre sí, y un largo etcétera.

Todos tenemos todos los genes característicos de la especie humana, absolutamente todos, pero estos genes pueden presentar diversas variantes. No son siempre idénticos, lo que explica por qué no hay dos personas que sean exactamente iguales. Cada gen puede presentarse en diversas variantes, que contienen distintas sutilezas en la información que llevan. Por ejemplo, todos tenemos un gen que determina que tengamos un grupo sanguíneo, y por eso todas las personas tenemos uno, sin excepción. Solo como curiosidad, este gen hace que se incorporen unos determinados azúcares a una proteína que se encuentra anclada en la membrana de los glóbulos rojos, las células que transportan el oxígeno por el cuerpo, y es imprescindible para que estas células mantengan su estabilidad estructural.

Pues bien, este gen presenta tres variantes diferentes, denominadas I^0, I^A e I^B, las cuales determinan de forma estricta el grupo sanguíneo que vamos a tener. En terminología genética, las distintas variantes de un mismo gen se denominan **alelos**. Según qué variantes tengamos, nuestro grupo sanguíneo va a ser 0, A, B o AB. Del mismo modo, todos tenemos genes implicados en el color de la piel, del cabello y de los ojos, en la forma de la cara y la estatura del cuerpo, y también en los distintos procesos fisiológicos y metabólicos que hacen que nuestro cuerpo funcione. Por ejemplo, determinadas variantes de un gen denominado **FTO** predisponen en mayor o menor medida a la obesidad. El nombre completo de este gen es, precisamente, «proteína asociada a la obesidad y a la masa corporal».

Fíjese el lector en el tratamiento diferencial que he dado al gen de los grupos sanguíneos y al de grasa corporal. En el primer caso he dicho, a propósito, que las variantes génicas concretas que uno lleva *determinan* de forma estricta su grupo sanguíneo. En cambio, en el caso del gen FTO, he dicho adrede que estas variantes *predisponen*. «Determinar», como el lector sabe, no es lo mismo que «predisponer». Algunos de los veinte mil trescientos genes de nuestro genoma determinan características biológicas concretas, sin concesiones de ningún tipo. Otros, en cambio, solo predisponen. En el caso del gen FTO, implicado en la masa corporal, si una persona tiene variantes que se asocian con la obesidad, tendrá más probabilidades de manifestar esta característica, pero dependerá también de lo que coma y en qué cantidad. Lo mismo sucede con muchos de los genes que de una manera u otra intervienen en la construcción de nuestro cuerpo y de nuestro cerebro y en regular su funcionamiento. Si una persona tiene variantes génicas que hacen que su piel se broncee cuando toma el sol, pero jamás sale de casa, su piel tendrá un aspecto mucho más blanquecino que otra persona que, aun teniendo las mismas variantes génicas, lo tome con cierta regularidad (siempre con protección solar para evitar los daños de la luz ultravioleta, por supuesto). Lo mismo sucede con los genes que influyen en las facultades psíquicas y en la vida mental de las personas: condicionan el resultado final, pero por sí solos no lo determinan de manera estricta. El resultado final se ve influenciado por los genes, por supuesto, pero también, y mucho, por el ambiente donde vive y se forma esa persona.

Por ejemplo, hay un gen, llamado **MAO-A** (que es el acrónimo de monoaminooxidasa de tipo A), que está implicado en la gestión de algunos neurotransmisores del cerebro. Los neurotransmisores, como ya he avanzado en un párrafo anterior, son las moléculas que permiten que las neuronas se comuniquen entre ellas. La función biológica de este gen es degradar algunos neurotransmisores que ya han sido usados para evitar que se acumulen dentro del cerebro y causen «cortocircuitos». Presenta diversas variantes génicas, de las cuales hay dos que son especialmente interesantes. Se denominan **variante larga** y **variante corta** (como su nombre indica, una es un poco más larga que la otra). Las personas que tienen dos variantes largas o bien una de cada suelen tener un carácter relativamente tranquilo y reposado, más reflexivo ante cualquier situación externa. Las personas que tienen dos variantes cortas, en cambio, suelen ser más impulsivas, pero no siempre. Si una persona con dos variantes cortas se ha educado y vive en un ambiente relativamente estable, no manifestará esta mayor impulsividad o, al menos, lo hará con mucha menos frecuencia que si ha sido educada en un ambiente conflictivo. En el caso del gen FTO, que gestiona la grasa corporal, también hay un efecto ambiental claro: la dieta.

En la manifestación de estos rasgos intervienen tanto los genes, según las variantes génicas que tengamos, como también el ambiente, entendido en sentido amplio (cualquier cosa externa con la que nos relacionemos). Los genes predisponen, pero el ambiente favorece que se manifiesten en mayor o en menor grado. Permítanme que les recuerde que estos son solo algunos de los muchos ejemplos posibles. En los próximos capítulos veremos más y los relacionaremos, como deben suponer, con la epigenética. Todo esto nos lleva a un concepto interesante, el de heredabilidad.

La heredabilidad es el porcentaje de la variación entre dos individuos con respecto a una característica concreta que es atribuible a diferencias genéticas. Dicho de otro modo y simplificando mucho, vendría a medir la contribución de los genes en las diferencias que existen entre dos personas cualesquiera. El resto dependerá del ambiente. La heredabilidad de los grupos sanguíneos que he citado antes, por ejemplo, es del 100 %. Los genes los determinan de manera absoluta y el ambiente no pinta nada. Ni la alimentación ni el cuidado que puedan proporcionar los progenitores ni la conflictividad o estabilidad ambientales cambiarán ni un ápice del grupo sanguíneo. Se ha estudiado la heredabilidad de muchas características humanas, por ejemplo, en relación con las facultades mentales. Así, por ejemplo, la heredabilidad de la empatía es del 47 %; la de la creatividad, del 55 %; la de la impulsividad, del 62 %; y la del coeficiente de inteligencia, del 70 %, entre otros muchos casos. Creo que no es necesario dar más detalles concretos para extraer una conclusión válida: los genes son la base de la biología, pero la forma como funcionan también depende del ambiente. Solo añadiré que las modificaciones epigenéticas también influyen, y mucho, en la heredabilidad, es decir, en la manifestación de las variantes génicas que contiene nuestro genoma.

Estamos ya empezando a delimitar la punta del iceberg, o la guinda del canapé. Los genes cuentan, claro que sí, pero no lo son todo. El ambiente influye, y en ocasiones mucho. En la intersección entre los genes y el ambiente vamos a encontrar, precisamente, el epigenoma. De ahí su importancia.

El chef

He hablado metafóricamente de icebergs, de raciones de tapas y de ir de tapeo. Los genes son la punta del iceberg de nuestra biología, y cada gen vendría a ser una ración de nuestro particular tapeo. ¿De dónde vienen los genes? ¿Quién ha sido el «chef» que ha preparado las tapas –el genoma humano–? Nos toca hablar un poco de evolución, puesto que también hay una relación directa –y muy controvertida– entre epigenoma y evolución.

Todos los seres vivos actuales procedemos, por evolución, de un organismo ancestral que vivió hace unos tres mil ochocientos millones de años. Se asemejaba a una bacteria. Posiblemente era mucho más simple que la mayor parte de las bacterias actuales, pero ya usaba los mismos procesos fisiológicos básicos. Entre ellos, disponía de información genética que almacenaba en el ADN, como hacemos nosotros. Todo ello se deduce comparando los organismos actuales. Todos, absolutamente todos, desde las bacterias más simples hasta los animales más complejos, pasando por los protozoos, los hongos y las plantas, usamos ADN como base de la información genética. Y también todos, absolutamente todos, lo descodificamos de la misma manera para fabricar proteínas, con una suerte de diccionario molecular que se conoce con el nombre de **código genético**.

El código genético es universal, exactamente igual para todos los seres vivos. Esto indica que ese ser vivo primigenio ya lo usaba y que todos lo hemos heredado de él. Por simplificación se suele pensar que este organismo ancestral del que todos procedemos por evolución fue el primer ser vivo, pero no tiene por qué haber sido así en absoluto. Tal vez había otros muchos con él, pero todo el resto, si los hubo, se extinguieron pronto y para siempre, de forma que solo sus descendientes prosperaron. Como curiosidad, a este organismo del que todos procedemos se lo conoce con el nombre de **LUCA** (las iniciales de *last universal common ancestor*, o último ancestro universal común). Ha llovido mucho desde entonces, y la vida se ha diversificado y ha incrementado considerablemente su complejidad. Si no hubiese sido así, en la actualidad en la Tierra solo habría bacterias y nadie leería este libro porque tampoco nadie lo habría escrito. Aunque posiblemente a las bacterias también les interesaría, porque también realizan modificaciones epigenéticas, aunque en un grado muchísimo menor y, además, son ligeramente distintas. Las modificaciones epigenéticas tal vez sean tan antiguas como la vida misma, pero también han evolucionado.

¿Cómo se ha pasado de las bacterias ancestrales a la gran diversidad vital actual? Cuando Charles Darwin publicó la primera edición de *El origen de las especies* en 1859, revolucionó no solo el mundo de la ciencia, sino también el de la filosofía e incluso la sociedad misma. El terremoto en la sociedad victoriana en la que vivía fue considerable. Casi de repente dejamos de ser la cúspide de la creación para convertirnos en una especie más, por evolución y en evolución constante. Se suele pensar que Darwin fue quien propuso por primera vez que las especies no son estáticas, sino que cambian a lo largo de las generaciones. Y en parte es cierto, pero no por el motivo que tal vez estén pensando. Ciertamente, fue *un* Darwin la primera persona de quien hay constancia escrita que propusiese desde una perspectiva científica que las especies evolucionan, pero no fue Charles, sino su abuelo Erasmus (Erasmus Darwin). El gran mérito de Charles Darwin (desde ahora solo Darwin, para abreviar) fue acertar en el mecanismo que propuso, la selección natural. Un coetáneo suyo, pero mucho más joven, Alfred Wallace, llegó a las mismas conclusiones que Darwin, pero la exhaustividad de las pruebas que aportó Darwin fue abrumadora. Junto con Darwin y Wallace, otro científico propuso una teoría distinta de la evolución, Jean-Baptiste Lamarck.

Para Lamarck, el motor principal de la evolución es la herencia de los caracteres adquiridos. La idea es muy simple: cuando un organismo necesita algo para sobrevivir y adaptarse al medio donde se encuentra, lo desarrolla movido por una especie de fuerza interna y sus descendientes lo heredan directamente. Uno de los ejemplos más citados es el del cuello de las jirafas, y yo no voy a ser menos. Para alcanzar las hojas de las ramas altas de los árboles, las jirafas deben estirar el cuello, lo que hace que les crezca un poquito. Y la siguiente generación nace ya directamente con el cuello algo más largo (heredan el carácter adquirido por sus padres a base de estirar el cuello). Si entonces ellas lo necesitan todavía un poquito más largo, pues lo estiran más y listos. Sus descendientes también lo heredarán directamente.

Es una idea muy intuitiva, puesto que la evolución cultural y tecnológica humana funciona de esta manera. Cuando queremos solucionar alguna cosa, de forma expresa diseñamos algún instrumento que nos ayude y que pasa a formar parte del pósito tecnológico o cultural de la humanidad, que heredan los descendientes. Pero la evolución biológica no funciona de esta manera. La teoría de Lamarck, que comúnmente se denomina **lamarckismo**, ha demostrado no ser cierta. Solo como curiosidad, la propuesta que hizo Erasmus Darwin, el abuelo de Charles, era como la de Lamarck, pero tuvo muy poca difusión.

En cambio, la selección natural propuesta por Darwin (volvemos a Charles) y Wallace ha demostrado ser cierta en una amplísima gama de organismos, desde bacterias hasta las mismísimas personas. La idea también es sencilla, pero no tan intuitiva como la de Lamarck. Los organismos de una misma población jamás son idénticos entre ellos y siempre presentan diferencias, a menudo sutiles. Ya he dicho antes, cuando hablaba de genes, que no hay dos personas iguales, precisamente por las distintas variantes génicas que pueden presentar. Pues bien, en cualquier ambiente o ante cualquier cambio ambiental, siempre hay algunos organismos que, por el azar de su constitución genética, viven mejor adaptados. Esto es, tienen más facilidades para sobrevivir y, en consecuencia, dejan más descendientes. En este contexto, sus descendientes heredarán las variantes génicas de sus padres, puesto que pasan de padres a hijos durante la reproducción, de forma que ellos también podrán sobrevivir mejor que sus congéneres y, a su vez, dejarán más descendientes. Poco a poco, generación tras generación, la población irá cambiando, pues cada vez se acumularán más organismos con esa característica. Desde la perspectiva temporal, este cambio progresivo en las poblaciones de organismos es lo que percibimos como evolución.

La principal diferencia entre el darwinismo y el lamarckismo es que, en la teoría de Lamarck, los cambios están directamente dirigidos a adaptarse al entorno. Hay una necesidad, y los organismos cambian para adaptarse a ella. Las jirafas estiran el cuello porque necesitan hacerlo. En el darwinismo, en cambio, los cambios se producen por azar sin que haya ninguna necesidad de ellos. Y una vez están ahí, por casualidad, la selección natural lo que hace es favorecer la supervivencia de los organismos que ya tenían los cambios adecuados. En el ejemplo de las jirafas, en una población de esta especie siempre hay organismos que genéticamente, por azar, tienen el cuello un poco más largo que el resto. Si primero comen las hojas de las ramas bajas de los árboles, cuando escasee la comida, aquellas que ya tenían el cuello algo más largo serán las que sobrevivirán mejor, y transmitirán sus genes a sus descendientes. Poco a poco, generación tras generación de selección natural, al final toda la población tendrá el cuello más largo sin que lo hayan tenido que estirar aposta.

Lo que Darwin no pudo explicar es de dónde surgía toda esta diversidad, porque en su época no se conocían los genes. Ahora sabemos que la diversidad surge de los cambios en el material genético, de mutaciones que alteran el mensaje que los genes llevan escrito. Estas mutaciones, que pueden ser de índole muy diversa, se producen por azar, por simple casualidad –no dirigidas a cambiar algo exprofeso–, y generan las distintas variantes génicas, y también de vez en cuando nuevos genes con nuevas funciones. Son, por consiguiente, preadaptativas, en el sentido de que, como ya he dicho, no se producen en respuesta a una necesidad para adaptarse a algo. Ya están ahí, y si por casualidad permiten que el organismo que las lleva se adapte mejor al ambiente en el que le ha tocado vivir, entonces la selección natural las favorecerá.

La combinación de la selección natural propuesta por Darwin y Wallace y de los conocimientos en genética, junto con otros fenómenos también de la misma índole (azarosos y preadaptativos), ha generado la actualmente aceptada y ampliamente demostrada teoría sintética de la evolución (hay quien también la llama **neodarwinismo**). Por cierto, hablar de la teoría de la evolución no significa que la evolución sea una teoría. La evolución es un hecho demostrable y demostrado de la naturaleza, y la teoría sintética de la evolución incluye todas las explicaciones científicas pertinentes que permiten comprenderla. Las mutaciones y la selección natural –y, repito, otros procesos de índole parecida, como la selección sexual, que consiste en qué características valoran más los organismos cuando buscan pareja reproductora, o la fusión de genomas de distintos organismos, entre otros– son el «chef» que ha cocinado los genes de que disponemos en la actualidad.

¿Por qué les hablo de evolución? Por un motivo muy simple. La evolución por selección natural se basa en los organismos mejor adaptados a cada ambiente. Y, ¡oh, sorpresa!, el significado biológico de las modificaciones epigenéticas es adaptar la expresión de los genes a las necesidades ambientales. ¿Se heredan las modificaciones epigenéticas? Si se heredasen como los genes, significaría que Lamarck tenía como mínimo un poquito de razón. Lamarck hablaba de la herencia de los caracteres adquiridos, y las modificaciones epigenéticas, como he insinuado con algunos ejemplos en este mismo capítulo, se adquieren por interacción con el entorno, para adaptarse a él. Las crías de rata cuyas madres no les dedican suficiente atención adquieren modificaciones epigenéticas específicas que las hacen más ariscas cuando son adultas. Este era el ejemplo con que he abierto el capítulo.

No voy a desvelarles aquí esta cuestión, que abordaré de nuevo hacia el final del libro, cuando ya tengamos un conocimiento extenso de qué son, cómo se hacen y qué significan las modificaciones epigenéticas. Remarco, eso sí, que permiten la adaptación de los organismos a su entorno a través de la regulación de los genes, pero sin cambiar el mensaje que contienen (no son mutaciones ni se les parecen en nada). En este ejemplo de las ratas se trata de una adaptación que afecta al comportamiento: en un ambiente donde nadie procura por nadie –donde las madres no dedican suficiente atención a sus hijos–, tal vez sea mejor ser arisco y no confiar en los demás. Y una manera de evitar problemas es limitando la curiosidad –recuerden que estas ratas que no han recibido atención materna son mucho menos curiosas que las otras–. Es, como pueden imaginar, una interpretación subjetiva, hecha *ad hoc*, pero ya hablaremos más de ello en capítulos posteriores. No es fácil interpretar el significado biológico de modificaciones epigenéticas concretas, lo que puede llevarnos con facilidad por vericuetos acientíficos o pseudocientíficos que no tienen cabida en un libro de divulgación científica –pero que desgraciadamente se pueden encontrar con mucha facilidad en otras partes.

Sea como fuere, la historia de la rata que lame y asea a sus crías y que juega con ellas que les he contado al inicio de este capítulo indica que hay otro camino aparte de la secuencia del ADN para «transmitir» información relevante a la descendencia. A través de estos comportamientos pueden influir en cómo funcionan los genes de sus descendientes sin modificar para nada el mensaje genético que contienen. De algún modo, su comportamiento, el estilo de crianza, les dice a sus descendientes «algo» suficientemente importante sobre el mundo donde van a crecer y vivir para que sea recordado por la maquinaria genética. La atención materna, o la falta de atención, en realidad, programa el ADN de las crías de una manera que hará más probable que se adapten al entorno y, por tanto, evolutivamente hablando, aumentará las probabilidades de que sobrevivan y dejen descendientes. Aunque desde la perspectiva humana valoremos ambas opciones de forma muy distinta.

2.
Cómo se organiza el genoma: quién dirige la orquesta

Dice la leyenda que la orquesta del Titanic estuvo tocando hasta el final, lo que contribuyó a reducir la sensación de pánico entre los pasajeros. No se sabe a ciencia cierta cuándo dejaron exactamente de tocar, pero se han escrito tratados incluso sobre cuál fue la última canción que interpretaron, con encendidos debates entre especialistas. No es que tenga ninguna fijación específica con este barco, simplemente me ha ido bien hasta ahora para acompañar el símil del iceberg –según el cual el genoma es solo la punta de un iceberg–. Toda orquesta necesita un director que indique a los instrumentistas, tanto a los solistas como al conjunto acompañante, cuándo entrar y salir de la melodía, el ritmo que deben seguir, la energía con la que deben tocar, etcétera. Según cómo sean las indicaciones del director, una misma partitura puede sonar de maneras muy diferentes.

El genoma humano viene a ser como una orquesta con veinte mil trescientos instrumentistas, cada uno con su propio instrumento que suena de manera diferente. Permítanme una pregunta: solo de oídas, escuchando la música que genera un grupo musical, ¿podrían decir con precisión cuántos músicos la componen? Sin duda distinguirían un cuarteto de cuerda de una orquesta sinfónica, que puede estar formada por más de cien instrumentistas. Pero ¿serían capaces de distinguir, por la música que hacen, una megaorquesta formada por veinte mil trescientos músicos de una formada por, pongamos, cincuenta mil o cien mil instrumentistas? Algo parecido sucedió durante la investigación del genoma humano, como veremos en este capítulo.

Además, esta orquesta de nuestro genoma debe tocar una melodía conjunta, la de la vida, y cuanto menos desafinen sus peculiares músicos –los genes–, mucho mejor. ¿Quién controla esta magnífica y compleja orquesta? ¿Cómo saben los genes cuándo deben funcionar y con qué intensidad deben hacerlo y cuándo mantenerse silenciosos? En este capítulo vamos a hablar muy especialmente del «director» del genoma, aunque sería mucho más apropiado hablar de los directores, en plural, y de su sistema mixto asambleario y jerárquico de funcionamiento, lo que nos permitirá ver dónde se sitúan exactamente las modificaciones epigenéticas. Todavía no vamos a hablar directamente de qué es el epigenoma con precisión ni de cómo se forman las modificaciones epigenéticas, pero terminaremos de situar las bases para comprender su funcionamiento y significado.

La partitura

Como ya dije en el capítulo anterior, todas las células de una persona tienen el mismo ADN dentro de su núcleo, con las mismas instrucciones. Los mismos veinte mil trescientos genes en todas las células de nuestro cuerpo. ¿Imaginan cómo sonaría una orquesta formada por veinte mil trescientos instrumentistas en que siempre tocasen todos a la vez la misma nota? ¿Y una en la que todos improvisasen la melodía simultáneamente sin tener en cuenta a los demás –lo que posiblemente sería el ensayo jazzístico más salvaje que jamás se haya experimentado–? Aparte del jaleo que organizarían, sin duda el concierto sería muy aburrido en el primer caso, siempre el mismo sonido sin variaciones de ningún tipo, y abrumador en el segundo, de auténtico vértigo. Si todas las células de nuestro cuerpo hiciesen funcionar constantemente sus veinte mil trescientos genes de la misma forma, también nuestro cuerpo sería muy «aburrido». Sencillamente, si los genes determinan o condicionan las características biológicas y todas las células los hiciesen funcionar siempre del mismo modo, implicaría que todas nuestras células serían exactamente iguales en forma y función. No tendríamos ni piel ni sangre, ni cerebro ni corazón, ni manos ni pies. Seríamos un gran amasijo de células idénticas, sin ningún tipo de especialización.

Y si cada célula hiciese funcionar los genes que le viniese en gana sin tener en cuenta dónde se encuentra en el cuerpo y qué función debe realizar, y sin coordinarse con sus vecinas –lo que sería el equivalente del megaexperimento jazzístico–, tampoco tendríamos una forma determinada, más o menos parecida en todas las personas, sino que nuestro cuerpo sería una completa anarquía. En consecuencia, no podríamos realizar funciones complejas, puesto que requieren de la participación coordinada y sinérgica de muchas células. No obstante, a quien le guste el jazz más salvaje (es un estilo que se suele denominar *hardcore jazz*) sabrá que, en poco rato, sin proponérselo expresamente, los ritmos de los distintos instrumentos empiezan a convergir –no a igualarse– para generar sinérgicamente una expresión de creatividad. Algo parecido, pero mucho más ordenado desde el inicio, le sucede a nuestro genoma.

Precisamente, lo que hace que tengamos distintos tipos celulares especializados en tareas concretas es que cada célula hace funcionar únicamente los genes que necesita, cuando los necesita y en la intensidad precisa para que realicen su función. Las personas tenemos unos doscientos tipos celulares diferentes en nuestro cuerpo, y dentro de cada tipo celular cada célula puede presentar también especificidades. Por lo tanto, tan importante es tener estos veinte mil trescientos genes como regular su funcionamiento. De hecho, casi es más importante regular su funcionamiento. Para que una orquesta suene bien, hace falta una partitura. Voy a demostrárselo con un ejemplo que nos toca muy de cerca. Los grandes simios, como los chimpancés y los gorilas, comparten el 98 % de su genoma con nosotros. A nivel genético, somos casi iguales. Hay algunas diferencias entre nuestros genes, por supuesto (este 2 % restante), pero no justifican en absoluto las diferencias morfológicas y especialmente cerebrales que existen entre ellos y nosotros. ¿Saben dónde se encuentra la principal fuente de diferencias? En la forma como se regulan los genes.

Por citar un ejemplo, tenemos un gen denominado *CAMK2A* que está implicado en el establecimiento de conexiones entre determinadas neuronas del cerebro relacionadas con el aprendizaje, la memoria y la cognición. Los chimpancés también lo tienen, por lo que en sí mismo este gen no implica ninguna diferencia entre nosotros y ellos. Ahora bien, en las personas funciona con mucha más intensidad que en los chimpancés durante la infancia, que es cuando se establecen la mayor parte de las conexiones neurales, lo que implica una capacidad extraordinariamente mayor de aprendizaje y cognición durante esta etapa de la vida. Además, en los chimpancés este gen deja de expresarse cuando alcanzan la adultez, pero no es así en las personas. Durante el tránsito hacia la adultez, este gen disminuye su expresión, pero en nuestra especie se mantiene activo durante toda la vida adulta.

Esto permite que podamos mantener siempre la capacidad para hacer conexiones nuevas entre las neuronas de nuestro cerebro, una característica que se denomina **plasticidad neural**. Y este hecho es crucial para nuestra especie, porque la plasticidad neural se encuentra en la base del aprendizaje. Gracias a ella, las personas podemos aprender cosas nuevas durante toda nuestra vida. El secreto, repito, no está tanto en la información concreta que contiene el gen, sino en cómo y cuándo se usa esa información, en su regulación. No es lo mismo tocar un *rock & roll* con ritmo de *blues* que de *heavy metal*, aunque usemos la misma partitura. En el caso concreto de la formación del cerebro y de la función neural, se han identificado varios centenares de genes cuya información es prácticamente idéntica en todos los primates, pero que difieren en la manera como se regula su actividad.

Veamos ahora un caso concreto de regulación génica, para ir centrando el tema: cómo se determina el sexo de las personas. Todo empieza con la constitución génica de cada persona. Como ya comenté en el capítulo anterior, los cromosomas se encuentran por parejas. Cada miembro de la pareja, que proceden uno de la madre y el otro del padre, es homólogo de su pareja, lo que significa que contienen los mismos genes. Pero hay una excepción: los denominados **cromosomas sexuales**. Las hembras tienen dos cromosomas sexuales iguales, denominados **X** (las mujeres son, por tanto, XX), y los machos presentan dos cromosomas sexuales diferentes, llamados **X** e **Y** (por eso se dice que los hombres son XY). Esto implica que los machos tienen algunos genes de los que las hembras carecen, los que se encuentran localizados físicamente en el minúsculo cromosoma Y. De hecho, el cromosoma X es uno de los más grandes que tenemos –contiene unos dos mil genes diferentes–, mientras que el Y es el más pequeño –contiene solo setenta y ocho, algunos de los cuales también se encuentran en el cromosoma X.

Sin embargo, a pesar de su pequeño tamaño, el cromosoma Y contiene un gen muy especial, llamado *SRY* (del inglés *sex-determining region Y*, o «región del Y que determina el sexo») y que no se encuentra en el cromosoma X. Su función es servir de interruptor general para iniciar el **desarrollo masculino**. Produce una proteína, denominada factor de diferenciación testicular o TDF (también por las iniciales en inglés, el idioma franco de la ciencia, *testis determining factor*). La función de esta proteína es, precisamente, activar otros genes que se encuentran repartidos por todo el genoma, como en una reacción en cadena, los cuales están implicados, como explicita su mismo nombre, en el desarrollo de los testículos. Estos, a su vez, además de fabricar los espermatozoides a partir de la pubertad, también actúan como glándulas hormonales desde el inicio del desarrollo embrionario y producen hormonas masculinizantes que activan toda una serie de genes implicados en el desarrollo de la anatomía masculina. La mayoría de los genes que se activan ante la presencia de la proteína TDF se encuentran fuera del cromosoma Y, en otros cromosomas, lo que implica que las mujeres también los tienen en su genoma, idénticos a los que tienen los hombres. Pero en las hembras no se activan.

En cambio, en ausencia del gen *SRY*, es decir, en las hembras —que no tienen cromosoma Y–, se activan otros genes que dirigirán la formación de los ovarios. Como en el caso de los testículos, los ovarios, además de producir óvulos a partir de la pubertad, también participan en la fabricación de hormonas feminizantes desde el inicio del desarrollo embrionario. En ambos casos, la formación de los caracteres sexuales de cada persona se debe a sucesos concretos de regulación génica.

No todos los animales usan este sistema para determinar el sexo y construir las diferencias anatómicas entre machos y hembras. Entre los diversos sistemas conocidos, hay uno del que quiero hablar de forma expresa: la formación de las diferencias sexuales en las abejas. ¿Por qué las abejas? Enseguida lo verán. La determinación del sexo en las abejas depende de una combinación de factores genéticos y ambientales, concretamente de su alimentación. Las abejas son unos insectos sociales que presentan tres castas bien definidas: la abeja reina, que es la única que produce óvulos; los machos, cuya función dentro de su particular sociedad es fecundar los huevos que pone la abeja reina, y las obreras, que recogen polen y néctar y producen miel, además de cera para construir el panal. Pues bien, los machos no fecundan todos los huevos que pone la reina, de manera que algunos quedan sin fecundar. Los huevos sin fecundar, que solo tienen madre y que en la mayor parte de los animales no darían ningún fruto, se desarrollan directamente como machos. Es una cuestión puramente genética.

En cambio, los huevos fecundados, que sí tienen padre y madre, se desarrollan como hembras. Pero no todas las hembras son iguales. Unas pocas se desarrollan como abejas reina fértiles productoras de óvulos. El resto, la gran mayoría de ellas, a pesar de ser hembras, se desarrollan como obreras estériles. ¿Qué hace que sigan un camino u otro? La respuesta es simple: la alimentación. Si cuando todavía están en la fase larvaria de su desarrollo se alimentan de miel, estas hembras se convierten en obreras estériles. En cambio, si se alimentan con jalea real, se convierten en reinas fértiles productoras de óvulos. La jalea real es una masa viscosa formada por unas secreciones especiales que producen las obreras jóvenes mezcladas con enzimas digestivas que regurgitan. Una de las proteínas que contiene la jalea real es la royalactina, y ejerce un efecto curioso: evita que se produzcan determinadas modificaciones epigenéticas en el ADN de las larvas. ¡Sí, ya estamos de vuelta con las modificaciones epigenéticas! (¿Entienden ahora por qué quería hablarles de las abejas?)

Como ya he avanzado en diversas ocasiones, la función de las modificaciones epigenéticas es contribuir a la regulación del genoma. En este caso, estas modificaciones epigenéticas impiden que se activen los genes que hacen que la hembra se convierta en reina. Dicho de otro modo, las hembras de abeja que comen miel adquieren una serie de modificaciones epigenéticas en su ADN que bloquean los genes que las convertirían en reinas, y por defecto, sin la acción de estos genes, se convierten en obreras. En cambio, las que comen jalea real no adquieren estas modificaciones, lo que hace que estos genes puedan activarse, y su función las convertirá en reinas fértiles. Ya estamos otra vez con la regulación génica, en este caso con un trasfondo epigenético.

Pero las abejas no son los únicos animales que usan las modificaciones epigenéticas para determinar el sexo. Resulta que, como se ha descubierto muy recientemente, en parte nosotros también usamos un mecanismo epigenético como parte de los procesos de determinación del sexo. Pero ¡no porque comamos o dejemos de comer miel! El tema de la epigenética, desgraciadamente, da para muchas habladurías sin base científica, propuestas acientíficas o pseudocientíficas que no siempre son fáciles de discernir para los no especialistas y que enturbian el avance y muy especialmente la aplicación de los descubrimientos científicos. En este caso concreto del que estoy hablando, que nadie se preocupe, comer miel o jalea real no afecta la determinación de nuestro sexo. Pero prosigamos.

He comentado en este mismo apartado que el desarrollo masculino empieza con la actividad del gen *SRY*, que se encuentra en el cromosoma Y. Pero ¿quién regula este gen para que funcione solo en las células donde es preciso que actúe, que son las que formarán los testículos? Pues, ni más ni menos, el secreto de la regulación del *SRY* que determina el sexo masculino depende de un conjunto de modificaciones epigenéticas que se producen, en este caso, en las histonas que acompañan al ADN. Recuérdese del capítulo anterior que las histonas son las proteínas que sirven para empaquetar y organizar el ADN y que también están implicadas en el epigenoma. En el caso de las abejas, las modificaciones epigenéticas que marcan la diferencia para que se desarrollen como obreras o reinas se establecen en el ADN.

Y no solo hay modificaciones epigenéticas implicadas en la determinación del sexo en las personas: también se ha visto que hay una correlación entre la orientación sexual —heterosexual u homosexual— y determinadas modificaciones epigenéticas. De momento voy a dejarlo aquí. Volveré a este tema al final del capítulo.

A ritmo de *blues*

Si la regulación de la expresión génica es tan importante y si, además, las modificaciones epigenéticas contribuyen de forma decisiva a esta regulación, es necesario que hablemos de la arquitectura del genoma. Dicho de otra forma, necesitamos saber de qué elementos dispone el genoma para regular la actividad de sus genes. Los genes, como decía en el capítulo anterior, se encuentran en el ADN. De hecho, forman parte intrínseca del ADN, de la secuencia de nucleótidos que forma esta larguísima cadena. Cada cromosoma está formado por una única hebra de ADN, de un extremo a otro, lo que significa que en cada cadena hay muchos genes. El ADN del cromosoma 1, por ejemplo, está formado por casi doscientos cincuenta millones de nucleótidos unidos uno tras otro, en cuya secuencia se encuentran algo más de dos mil genes diferentes. Sin embargo, los genes no suelen estar pegaditos uno al lado del otro. Normalmente, entre ellos suele haber grandes zonas de ADN que no contiene genes. O, dicho de otra manera, entre un gen y el siguiente hay grandes extensiones de nucleótidos que no contienen información para fabricar ninguna proteína.

No solo eso. Además, dentro de cada gen también hay segmentos que no contienen información para fabricar la proteína, los cuales se encuentran intercalados entre los que sí llevan esta información. Los segmentos del gen que contienen información se denominan **exones** y los segmentos que también están dentro de un gen pero que no llevan información para fabricar esa proteína, **intrones** (figura 2; véase también la figura 5 para un esquema general de la arquitectura de un gen). Pues bien, resulta que solo el 25 % del genoma está formado por genes, pero todavía es más escandaloso cuando se calcula el porcentaje de exones, de segmentos de ADN que contienen información efectiva para fabricar proteínas. En el genoma humano, el porcentaje de exones solo alcanza el 2,9 % de todo el ADN. Dicho de otro modo, ¡el 97 % de nuestro genoma no contiene aparentemente ningún tipo de información válida! Permítanme que les explique mejor una breve historia sobre las zonas del ADN que no contienen genes, que ya comenté en la introducción.

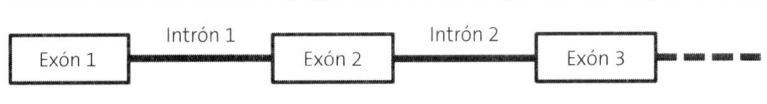

Figura 2. Distribución de exones e intrones en un gen hipotético.

Cuando se descubrió que la mayor parte del genoma no contiene genes, para hablar de estas zonas desprovistas de genes se empezó a usar la despreciativa calificación de **ADN basura** (*junk* DNA en inglés). Algo así como: «Si no contiene genes, no debe servir para nada, y si no sirve para nada, pues eso, a la basura». Genetistas famosos de todo el mundo la usaban. En el año 2001 se terminó de secuenciar el genoma humano en lo que vino a ser uno de los primeros grandes proyectos mundiales en biología, el Proyecto Genoma Humano. Una vez secuenciado, sin embargo, hacía falta identificar todos los genes que contiene y esclarecer su función. Se ha avanzado muchísimo desde entonces, pero es un proceso laborioso y todavía estamos en ello. Poco después de concluir el Proyecto Genoma Humano se inició otro, también de alcance mundial, el Proyecto ENCODE (por las iniciales en inglés de Encyclopedia of DNA Elements, o Enciclopedia de los Elementos del ADN). Este proyecto, mucho más costoso todavía, se dedica a recorrer todo el genoma humano, nucleótido a nucleótido, buscando qué esconde su secuencia, qué elementos contiene, cuál es su arquitectura, para dilucidar completamente su función.

El proyecto ENCODE hizo públicos los primeros datos en 2012, y desde entonces cada dos años aproximadamente publica nuevos resultados. Uno de los primeros datos fue demoledor: no existe el ADN basura. Rápidamente, todos aquellos genetistas que habían usado esta expresión se apresuraron a decir que «ellos jamás habían creído tal cosa, que eso del ADN basura ya se veía que no podía ser cierto». Ante todo, los científicos somos humanos y tampoco nos gusta equivocarnos.

¿Saben para qué sirve la mayor parte de estos largos trechos de ADN que no contienen genes? Pues sirven, precisamente, ¡para regular la actividad de los genes! Vienen a ser algo así como los interruptores del genoma. Tenemos muchísimo más ADN implicado en la regulación del genoma que en formar parte de genes. Realmente, la regulación debe ser un proceso importantísimo –y también complejo y delicado.

Como ya he dicho, la mayor parte de los genes contienen información para que las células fabriquen una proteína. El paso de información desde el ADN hasta la proteína se produce en dos pasos claramente diferenciados que en conjunto se denominan **flujo de información génica** (figura 3). En un primer paso, la información contenida en el ADN se copia en una molécula intermediaria, que se denomina ARN. La estructura química del ARN es muy parecida a la del ADN, aunque no es exactamente idéntica. En cierto modo, el ADN es demasiado valioso para utilizar la información que contiene de forma directa, por lo que la célula hace esta suerte de copia, como un historiador que fotocopiase las páginas de un incunable para no estropearlas al trabajar con ellas. Este proceso se denomina *transcripción* y se produce dentro del núcleo celular. En él participan diversas enzimas, que se encargan de hacer la copia.

Este ARN, que en virtud de su función se denomina **ARN mensajero** (puesto que transporta el mensaje del ADN), sale del núcleo celular y se dirige a unos orgánulos llamados **ribosomas**, que es donde se descodifica el mensaje y se fabrican las proteínas a partir de él. Según cuál sea la información original en el ADN, la proteína será una u otra, con una función determinada en cada caso. Este proceso de descodificación durante el cual se fabrican las proteínas se denomina *traducción*. Así que el flujo de información génica incluye tanto la transcripción (paso de información del ADN al ARN) como la traducción (síntesis de proteínas a partir de la información que transporta el ARN mensajero).

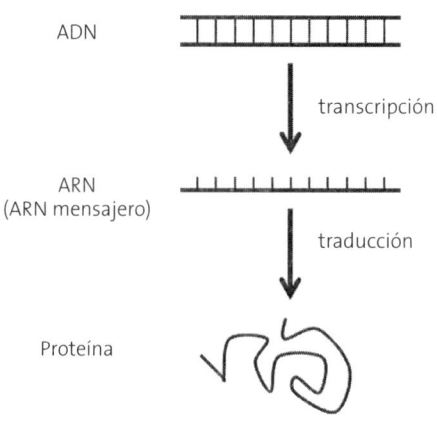

ADN

transcripción

ARN
(ARN mensajero)

traducción

Proteína

Figura 3. Flujo de información génica desde el ADN hasta las proteínas. Obsérvese que incluye los procesos de transcripción (paso de información del ADN al ARN) y de traducción (descodificación del mensaje del ARN para fabricar la proteína correspondiente).

En este proceso, sin embargo, se debe resolver un problema muy importante. Como decía al principio de este apartado, un gen está formado por segmentos que contienen información (los exones) entre los cuales se encuentran intercalados otros segmentos que no contienen información (los intrones). Inicialmente, cuando las enzimas copian el ADN de un gen en ARN, este ARN incluye *todo* el gen, tanto los exones como también los intrones. Pero cuando llega el momento de fabricar la proteína, los intrones sobran, puesto que la maquinaria molecular de la traducción no sabe leerlos –ya que no contienen ninguna información válida–. Vendría a ser algo así como cuando se hace el montaje de una película. Normalmente se filma mucho más metraje del que finalmente se va a usar, y durante el proceso de posproducción se cortan los fragmentos que se consideran útiles –los exones– y se empalman para conseguir una película continua que cuente una historia. Y se elimina el resto del metraje –los intrones–. No todos los genes tienen el mismo número de exones. Algunos tienen solo uno, pero hay otros que pueden tener más de un centenar. En promedio, los genes humanos contienen unos nueve exones, pero, como digo, la heterogeneidad es enorme.

De modo parecido, antes de convertirse en ARN mensajero, la copia inicial de ARN debe madurar, lo que implica eliminar los intrones y pegar los exones. Es un proceso muy complejo que se denomina, como en la posproducción de una película, **corte y empalme** (porque se cortan los intrones y se empalman los exones; figura 4). ¿Por qué les cuento todo esto? Porque también tiene relevancia para comprender qué son las modificaciones epigenéticas y cuál es su función. Ahora enseguida van a verlo. Antes, permítanme que les cuente otra pequeña historia.

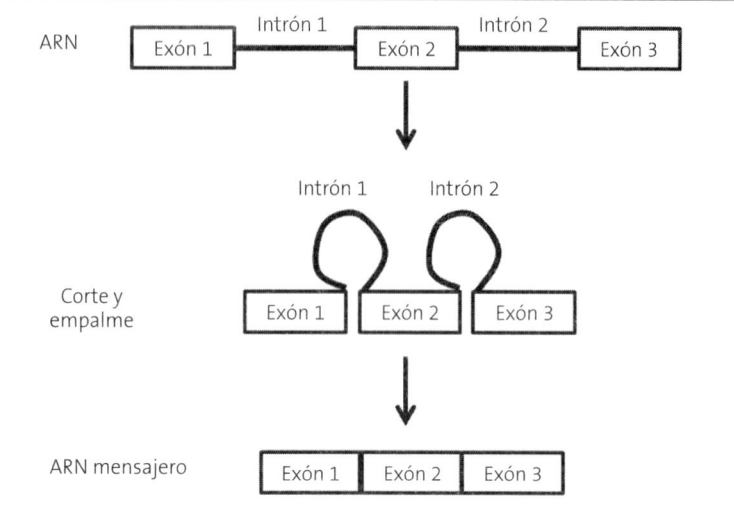

Figura 4. Proceso de corte y empalme del ARN para producir el mensajero final (que será descodificado durante la traducción para fabricar una proteína concreta). Se muestra un gen hipotético formado por tres exones y dos intrones.

Cuando empezaron los primeros trabajos del Proyecto Genoma Humano, se hipotetizaba que nuestro genoma iba a contener unos cien mil genes. La evidencia científica parecía sólida. Por aquel entonces, a principios de los noventa, se sabía que nuestro cuerpo albergaba unas cien mil proteínas diferentes. Por lo tanto, si cada gen contiene la información necesaria para fabricar una proteína y tenemos unas cien mil proteínas, pues eso, debemos tener también unos cien mil genes. Un cálculo fácil, ¿no creen? Craso error. Una de las primeras sorpresas del Proyecto Genoma Humano fue descubrir que no tenemos cien mil genes, sino tan solo algo más de veinte mil. ¿Cómo pueden veinte mil trescientos genes fabricar cien mil proteínas diferentes?

No deja de ser curioso, además, que los gusanos intestinales (cuyo nombre científico es *Caenorhabditis elegans*), por ejemplo, tengan diecisiete mil genes, solo unos tres mil menos que nosotros. Los gusanos intestinales son una especie muy utilizada en el laboratorio para estudios genéticos, puesto que es muy fácil mantenerlos en buen estado y manipularlos con unas simples placas tapizadas con alimento. Lo curioso de esta comparación es que estos gusanos solo tienen veinte tipos celulares diferentes y nosotros, como he comentado un par de veces, tenemos unos doscientos. ¿Con solo tres mil genes más se puede multiplicar por diez la complejidad de un organismo para que pase de veinte tipos celulares a doscientos? Parece poco probable, a no ser que tengamos algún as en la manga.

Y lo tenemos. El truco consiste en que, con sus diecisiete mil genes, estos gusanos intestinales fabrican solo unas veinte mil proteínas diferentes. Nosotros, en cambio, con veinte mil trescientos genes hacemos más de 100.000. Hemos multiplicado por cinco el número de proteínas, lo que hace mucho más sencillo explicar que tengamos doscientos tipos celulares diferentes en lugar de los veinte que tienen estos gusanos. Esto ya parece mucho más sensato, pero, sin embargo, lo único que hemos hecho es trasladar el problema a otro nivel. Porque ¿cómo se explica que podamos hacer más de cien mil proteínas con solo veinte mil trescientos genes? Para comprenderlo debemos volver al corte y empalme del ARN, ese proceso que elimina los intrones y une los exones. Y, como seguramente deben estar imaginando, la epigenética –¡oh, sorpresa!– también está implicada.

Resulta que el ARN mensajero final no siempre contiene los mismos exones. Puesto que la información que sirve para fabricar una proteína procede de los exones, si usamos unos exones de un gen o bien otros, el resultado final serán proteínas ligeramente diferentes que tendrán funciones diferentes. Con veinte mil trescientos genes, usando unos exones u otros, nuestro cuerpo genera más de cien mil proteínas diferentes, cada una con una función específica. Este es el as que tenemos escondido en la manga. El proceso mediante el cual se empalman unos exones u otros se denomina **corte y empalme alternativo**. El genoma de los gusanos también practica este corte y empalme alternativo, pero a un nivel muy inferior al de los vertebrados –el grupo de animales al cual pertenecemos los humanos–. No sé si con esta explicación se entiende suficientemente bien en qué consiste el corte y empalme alternativo, y especialmente cuáles son sus implicaciones para fabricar proteínas diferentes a partir de un mismo gen. Así que les propongo una comparación muy sencilla.

Imaginemos un gen que contenga once exones –un número muy parecido a la media, que, como he dicho en un párrafo anterior, ronda los nueve exones, aunque la diversidad es enorme–. Y nombremos ahora cada exón con una letra. Por ejemplo: V–I–L–L–A–N–C–I–C–O–S. Como han observado, he escogido unas letras que, en conjunto, puestas una detrás de otra, generan la palabra VILLANCICOS. Estas letras serían los exones, y los guiones que hay entre ellas, los intrones que deben ser eliminados. Si uso todas las letras, todos los «exones», se genera la palabra VILLANCICOS.

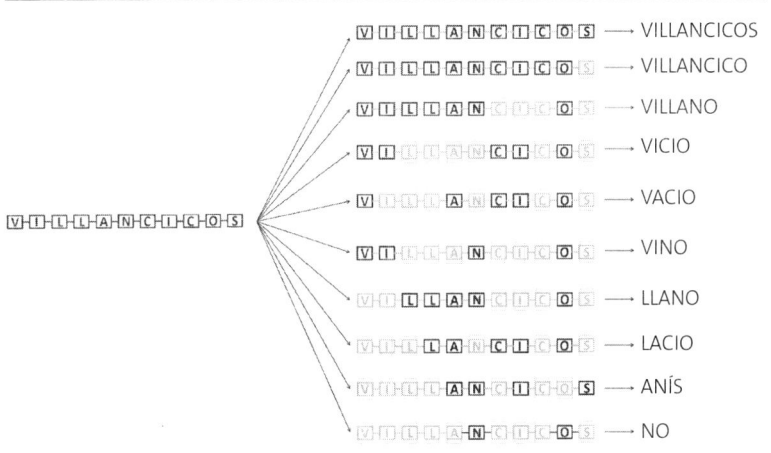

Figura 5. Ejemplo de corte y empalme alternativo a partir de los exones de un mismo gen. A la izquierda se muestra el gen completo, con todos sus exones (representados por las letras) y sus intrones (las líneas que las unen). En el centro se marcan en gris claro todos los intrones y exones que se eliminan durante el proceso de corte y empalme alternativo. Y a la derecha se muestra el resultado final. Obsérvese la gran cantidad de palabras con significados diferentes que se pueden obtener a partir de un mismo conjunto de exones, eliminando unos u otros, pero jamás cambiándolos de orden. Posiblemente el lector encuentre alguna más. A nivel genético, cada palabra final equivale a una proteína diferente con una función específica.

Pero si no uso la última letra, entonces obtengo VILLAN-CICO. Dice casi lo mismo, pero no es exactamente igual. Dos «proteínas» ligeramente diferentes con funciones parecidas, pero no idénticas, obtenidas a partir de un mismo gen, por corte y empalme alternativo. Pero, según qué letras use (qué exones empalme y cuáles descarte como si fuesen intrones), las posibilidades son muchas. Lo único que no puede hacer la maquinaria molecular que realiza este proceso es cambiar el orden de los exones –no se pueden reordenar las letras–. ¿Cuántas palabras diferentes –es decir, cuántas proteínas diferentes– se pueden obtener a partir del «gen» V–I–L–L–A–N–C–I–C–O–S? En la figura 5 tienen la respuesta.

Llegados a este punto, hay otra cuestión importante que tener en cuenta. ¿Todas las células que expresan un gen determinado producen todas las variantes posibles de corte y empalme alternativo, o esto se regula de alguna manera, de forma que cada célula produzca solo las variantes que necesite para realizar su función? Por ejemplo, hay neuronas en el cerebro que producen un receptor denominado **D2**, cuya función es captar e interpretar las señales que transmite la dopamina. La dopamina es un neurotransmisor implicado en muchos procesos mentales, como la motivación y los sentimientos de recompensa. El gen que lleva la información para fabricar esta proteína contiene seis exones y produce dos variantes diferentes de corte y empalme. La denominada **variante larga** contiene los seis exones y la denominada **corta** contiene solo cinco. Pues bien, qué variante se hace en cada célula –o si se producen ambas simultáneamente– depende de un proceso muy preciso de regulación. ¿Y saben quién se encarga de esta regulación? Seguro que adivinan la respuesta: en muchos casos esta regulación depende de modificaciones epigenéticas.

En este sentido, se sabe que si las modificaciones epigenéticas no son las correctas, el corte y empalme alternativo es defectuoso, y esto puede ser causa de algunas enfermedades. Por ejemplo, se ha demostrado que este es el caso en diversos tipos de leucemia. Más adelante, en otro capítulo, trataré el tema de las modificaciones epigenéticas en relación con el cáncer. Para terminar este capítulo todavía nos queda otro tema que quiero tratar. Cuando hablaba de la arquitectura del genoma he dicho que la mayor parte de este está formado por secuencias que funcionan como interruptores, los cuales regulan la expresión de los genes. De hecho, el flujo de información génica no se inicia si estos «interruptores» moleculares no lo activan, más allá de las posibles modificaciones epigenéticas. Hablemos, pues, un poco de las secuencias de ADN que regulan la actividad de los genes, de estos «interruptores» moleculares.

A ritmo de *rock'n'roll*

Todo gen empieza en un nucleótido concreto, llamémoslo el primero, y termina en otro, digamos el último. Entre ambos se encuentran todos los exones y todos los intrones de ese gen, sean muchos o pocos, largos o cortos. Para que el gen pueda expresarse, necesita que se inicie el proceso de transcripción. Si no se transcribe a ARN, no se puede traducir para fabricar una proteína, lo que equivale a que se mantenga inactivo. La transcripción, pues, es el inicio de la expresión génica. Como cualquier proceso biológico, la transcripción depende de una maquinaria enzimática que va leyendo el ADN y fabricando el ARN correspondiente. Pues bien, justo delante del primer nucleótido del primer exón de todos los genes hay unas secuencias concretas de ADN cuya función es que esta maquinaria enzimática reconozca el sitio donde debe empezar su labor. Equivaldría al primer movimiento del director de orquesta, que indica a los músicos que deben empezar a hacer sonar sus instrumentos justo en ese instante. Estas secuencias de ADN, que siempre y sin excepción se encuentran adyacentes al primer nucleótido del gen, se denominan de forma genérica *promotores* –puesto que su función es promover la transcripción (figura 6)–. Se han identificado diversas secuencias, las más habituales de las cuales son la denominada **caja TATA** –porque es muy rica en timinas (T) y adeninas (A)–, la **caja CCAAT** –porque tiene esta secuencia concreta de nucleótidos– y las denominadas **islas CG** –porque están formadas por diversas citosinas (C) y guaninas (G) seguidas–. Las islas CG son clave para las modificaciones epigenéticas, absolutamente indispensables. Sin ellas, el ADN no podría experimentar este tipo de modificaciones, tal como suena. Fíjese el lector que estas islas CG suelen estar situadas justo delante del gen –más adelante veremos que también las hay en otros sitios del genoma, pero siempre vinculadas a modificaciones epigenéticas–, por lo que es lógico deducir que las modificaciones epigenéticas están implicadas en la regulación de la expresión génica –como llevo diciendo casi desde el principio del libro.

Sin embargo, el proceso de regulación no termina aquí, ni mucho menos. Estas secuencias promotoras indican dónde debe empezar a transcribirse el gen y permiten que la maquinaria molecular se sitúe y empiece su tarea. Pero de ningún modo indican en qué momento, en qué células y con qué intensidad debe expresarse. De esto se encargan otras secuencias, denominadas genéricamente *intensificadores* (figura 6). Equivaldrían a los «interruptores moleculares» que he mencionado un par de veces en este capítulo.

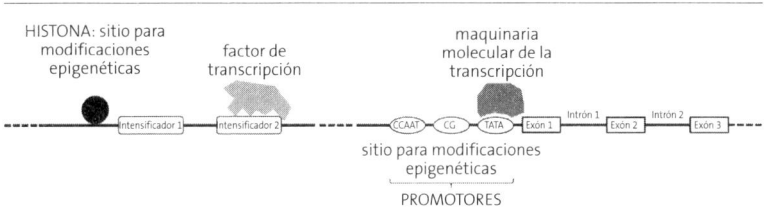

Figura 6. Arquitectura molecular de un gen humano hipotético. Se muestran los exones y los intrones, los promotores y los intensificadores. También se muestra la maquinaria molecular que debe transcribir el gen, situada sobre los promotores, y algunos factores de transcripción situados sobre los intensificadores.

Los intensificadores son secuencias de ADN que se encuentran por todo el genoma, en las zonas donde no hay genes propiamente dichos –en los trechos que durante algún tiempo se denominaron **ADN basura**–. Hay muchísimos intensificadores diferentes con secuencias de nucleótidos muy variadas, por lo que es imposible generalizar. Hay genes que tienen unos pocos intensificadores y otros que cuentan con muchos. Se han identificado unos ciento diez mil intensificadores diferentes en el genoma humano.

Hay intensificadores que indican al gen que regulan cuándo debe expresarse; otros, en qué lugar, etcétera. Algunos se encuentran muy cerca del gen que regulan, mientras que otros están muy alejados. Incluso se han identificado dentro de los genes, en alguno de sus intrones. Hay intensificadores que son exclusivos de un gen, mientras que otros se encuentran en diversos genes que deben ser regulados de la misma manera. Incluso hay algunos que regulan la expresión de más de un gen simultáneamente. También los hay cuya función es evitar que se exprese el gen que regulan. En este caso se denominan *silenciadores*, pero el mecanismo básico de funcionamiento es el mismo. La heterogeneidad, como he dicho, es inmensa. En conjunto constituyen una manera muy efectiva y refinada de regular la expresión de los genes para que cada uno solo se exprese donde y cuando sea necesario.

Los intensificadores –y los silenciadores– vendrían a ser una suerte de interruptores moleculares. Pero, como todos sabemos, para encender la luz del comedor de casa hace falta que alguien pulse el interruptor adecuado. ¿Quién pulsa estos interruptores del genoma? Los encargados de hacerlo son un tipo concreto de proteínas que se denominan genéricamente *factores de transcripción* –puesto que son factores que influyen en la transcripción de otros genes–. En el genoma humano hay más de dos mil quinientos factores de transcripción diferentes que actúan sobre los intensificadores y los silenciadores de manera combinatoria. De ahí la gran capacidad de regulación y la extrema precisión que proporciona este sistema.

Es un sistema que, además, se autoajusta y que relaciona muchos genes diferentes formando complejas redes de interacciones génicas. Uno de los ejemplos más espectaculares posiblemente sea el del uso de esteroides anabólicos en deportistas. Los esteroides anabólicos son sustancias relacionadas con las hormonas sexuales masculinas, principalmente con la testosterona. Uno de sus efectos es incrementar la masa muscular, motivo por el cual han sido usados por multitud de deportistas y otras personas con esta finalidad. Hay quien piensa que es una práctica relativamente reciente, del siglo xx, pero lo cierto es que ya los usaban los deportistas de la Grecia clásica. Los obtenían a partir de extractos de testículo y de algunas plantas que producen sustancias estructuralmente parecidas.

La testosterona está implicada en la regulación de multitud de genes y actúa a través de determinados factores de transcripción. Activa la formación de fibras musculares, promueve la formación y el crecimiento de los órganos genitales y afecta a diversos componentes del comportamiento, como la libido, el estado de ánimo y hasta cierto punto la agresividad. Se suele decir que es una hormona típicamente masculina, pero las mujeres también producen testosterona, aunque generalmente en menor cantidad. La diferencia de acción en función del sexo se debe a que no actúa sola, sino de manera combinatoria con otras moléculas y hormonas propias de cada sexo. Como he comentado, la regulación de la expresión génica es combinatoria.

La primera referencia científica al uso de esteroides anabolizantes para incrementar la masa muscular data de 1938, en la revista deportiva *Strength and Health* («Fuerza y salud»), aunque su uso no empezó a popularizarse hasta los años cincuenta. Actualmente se sabe que el uso de este y de cualquier otro sistema de dopaje lleva asociado multitud de efectos secundarios indeseables, precisamente porque actúan sobre redes génicas complejas –lo que hace que afecte a muchas características diferentes, no solo a la masa muscular– y porque los mismos sistemas de regulación tienden a autoajustarse. ¿Qué sucede cuando se consumen esteroides anabólicos? Ciertamente incrementan la producción de fibras musculares, por lo que aumenta la masa muscular. Pero también influyen en otros parámetros corporales y del comportamiento, como un incremento de la agresividad.

Los principales efectos, sin embargo, se notan cuando dejan de consumirse, puesto que no se pueden ingerir durante períodos prolongados de tiempo porque alterarían demasiado la fisiología corporal. Cuando se empiezan a consumir, para compensar el exceso de testosterona, el cuerpo deja de producir esta hormona y su actividad se sustenta solo en la que se ingiere. Es un efecto compensatorio. Ahora bien, cuando se deja de consumir, el cuerpo tarda un cierto tiempo en conectar la fabricación de la suya propia y en acumular la cantidad adecuada para un funcionamiento normal, lo que hace que se produzca una repentina bajada de la libido y que aumente la posibilidad de sufrir una depresión.

Pero eso no es todo, porque del mismo modo que el cuerpo fabrica proteínas y hormonas, también las degrada para mantener un equilibrio dinámico. Cuando las enzimas corporales degradan los esteroides anabólicos consumidos, uno de los productos que se forma es el llamado **estradiol**. El estradiol es un estrógeno, una hormona típicamente femenina –aunque los hombres también la fabrican, generalmente a una concentración inferior–. Pues bien, este exceso de estradiol conecta otras redes génicas, también de manera combinatorial, las cuales a su vez producen dos tipos de efectos: incrementan el crecimiento de las glándulas mamarias en los hombres que consumen estos esteroides anabólicos, lo que feminiza sus pechos, y hace que los testículos se encojan. Los efectos de la regulación génica a través de factores de transcripción son, como he dicho, complejos y amplios y se producen de manera combinatorial.

Volvamos a los factores de transcripción. Para activar un gen, se unen directamente al intensificador correspondiente, como un dedo que pulsa un interruptor (véase la figura 6). Pero no siempre pueden hacerlo. Como he comentado en diversas ocasiones, el ADN siempre está acompañado por proteínas, entre las que destacan las histonas, que lo empaquetan. Si estas histonas lo empaquetan de manera muy compacta, los factores de transcripción no pueden llegar a los intensificadores y el gen no se activa. El «dedo molecular» no podrá alcanzar el interruptor. Es similar a lo que hacemos cuando tapamos los enchufes de las paredes para que nuestros hijos pequeños no pongan los dedos en ellos y se lastimen.

Por ello, la disposición de estas proteínas histonas a lo largo de la doble cadena de ADN es importante. ¿Saben quién se encarga de gestionar la distribución de las histonas a lo largo del ADN? Seguro que adivinan la respuesta: las modificaciones epigenéticas –en este caso, las que se establecen sobre las histonas–. Por este motivo, estas modificaciones también contribuyen a regular cómo, cuándo y dónde funcionan los genes. Así de simple y así de complejo. No voy a profundizar más ahora en este tema. Nos quedan todavía muchos capítulos para hablar más de ello.

Decía al inicio de este capítulo que incluso la orientación sexual de las personas puede tener, al menos en algunos casos, un componente epigenético. Pero no resolvía cómo. En 2011, un tema cantado por Lady Gaga, uno de sus muchos éxitos musicales, se convirtió en himno gay: *Baby, I was born this way* («Chica, nací así»), dice la canción. Se ha hablado mucho de la orientación sexual de las personas y de hasta qué punto la homosexualidad puede tener un origen biológico. Un apunte previo antes de continuar hablando de este tema. Hay personas a quienes les gusta interpretar los datos biológicos sobre la homosexualidad diciendo que los homosexuales tienen «problemas genéticos» o «patologías de las que hay curarlos, por su bien», o incluso que «atentan contra las leyes de la naturaleza». A pesar de la justa e imprescindible equiparación que poco a poco se va consiguiendo en algunos países occidentales entre todas las personas con independencia de su sexo y de su orientación sexual, en muchos otros de todo el mundo la homosexualidad es una práctica prohibida, castigada con prisión e, incluso, con la pena capital. A pesar de que lo más «habitual» en porcentaje sea la orientación heterosexual, la homosexualidad es tan normal, digna y respetable como la heterosexualidad.

Dicho esto, hay abundancia de datos que indican que la genética, y también la epigenética, influyen en la orientación sexual de las personas, más concretamente, en la homosexualidad. Como estamos empezando a ver, aún sin haber ahondado en las modificaciones epigenéticas –esto empezará en el próximo capítulo–, la epigenética está presente en todos los procesos biológicos. A nivel genético, se ha visto, por ejemplo, que hay una región del cromosoma X, conocida como **región Xq28** y que contiene unos catorce genes, que en conjunto se ha relacionado con la homosexualidad masculina, aunque todavía se desconoce el mecanismo exacto. También se han encontrado asociaciones similares con regiones de otros cromosomas, como en los cromosomas 7, 8 y 10, pero no se ha identificado ningún gen concreto que la favorezca. Curiosamente, se ha visto que estas mismas regiones no se correlacionan con homosexualidad femenina, sino con una mayor fecundidad.

Como decía, la epigenética también parece estar muy presente en la orientación sexual. Según un trabajo dado a conocer recientemente en el que se analizó el epigenoma de diversos pares de gemelos y de mellizos, determinadas modificaciones epigenéticas pueden esconder parte de la clave de la orientación sexual de las personas. Muchos estudios de genética humana se realizan en gemelos y en mellizos por un motivo concreto: los gemelos comparten exactamente los mismos genes, al 100 %, mientras que los mellizos comparten en promedio el 50 % de sus genes, como dos hermanos cualesquiera. Estas semejanzas y diferencias permiten correlacionar qué características tienen un componente genético y cuáles lo tienen ambiental. Y, lo que es más frecuente, qué porcentaje de una característica obedece a factores genéticos y cuál a ambientales, puesto que normalmente ambos efectos se yuxtaponen.

Pues bien, el epigenoma de estos individuos se correlacionó con su orientación sexual y también con el epigenoma de sus progenitores. El resultado sorprendió a propios y extraños. Primero, se identificaron cinco regiones concretas del ADN cuyo patrón de modificaciones epigenéticas es distinto en hombres y mujeres heterosexuales y se relacionaron con genes implicados en diversos aspectos del comportamiento sexual.

Lo que sorprendió a los investigadores no fue este resultado, sino la comparación del epigenoma de algunas de las personas homosexuales con el de sus progenitores. En los hombres homosexuales, las modificaciones epigenéticas en estas cinco regiones coincidían con la de sus madres heterosexuales, y en las mujeres homosexuales, coincidían con la de sus padres heterosexuales. De alguna forma todavía no dilucidada, estos patrones epigenéticos condicionaban la orientación sexual de estas personas, haciendo que coincidiese con la del progenitor del otro sexo: los hijos varones homosexuales se sentían atraídos por otros hombres, del mismo modo que sus madres heterosexuales se sentían atraídas por hombres. Y viceversa, las hijas homosexuales se sentían atraídas por otras mujeres, del mismo modo que sus padres heterosexuales se sentían atraídos por mujeres.

Como no me voy a cansar de decir, la epigenética se encuentra en todas partes y de formas sorprendentes. En estos dos primeros capítulos hemos visto los cimientos de la genética, qué son los genes, cómo funcionan y cómo se regulan, con algunos ejemplos que también incluyen la epigenética, para destacar su importancia. Ha llegado el momento de adentrarnos en qué son estas modificaciones, cómo se forman y qué hacen con respecto a la regulación genética. Bienvenidos al fantástico mundo del epigenoma.

La segunda sorpresa |

«En biología, nada tiene sentido si no es a la luz de
la evolución.»

THEODOSIUS DOBZHANSKY (1900-1975).
Genetista de origen ucraniano
que realizó contribuciones cruciales a
la teoría sintética de la evolución

3.
Los orígenes de la epigenética: cuando los genetistas cazaban moscas

Una vez visto cómo es, cómo se organiza y para qué sirve nuestro genoma, vamos a empezar a hablar de aspectos mucho más íntimos de la epigenética y del epigenoma. A pesar de que he usado muchas veces estas dos palabras en los capítulos anteriores, vamos ahora a definirlas con más precisión. La *epigenética* es la ciencia que estudia el epigenoma: cómo se forma, cómo se transmite de una célula a sus descendientes y cómo actúa sobre el genoma. El *epigenoma*, en cambio, es el conjunto de marcas epigenéticas que tiene el genoma de una célula. Vendría a ser la misma diferencia que hay entre las palabras *genética* –la ciencia que estudia cómo funcionan, cómo se organizan, cómo se transmiten y cómo cambian los genes– y *genoma* –el conjunto de genes de un organismo–. Pero ¡mucha atención!, porque no todo son paralelismos. Por un lado, todas las células de nuestro cuerpo tienen el mismo genoma, idéntico desde la concepción, pero cada grupo concreto de células de nuestro cuerpo tiene y construye su propio epigenoma con el paso del tiempo.

Las células sanguíneas, por ejemplo, tienen un epigenoma distinto a las del corazón. Estas diferencias se van construyendo progresivamente durante el desarrollo embrionario a medida que las células se van diferenciando para cumplir funciones distintas en el cuerpo. Incluso dentro de las células sanguíneas, cada tipo de glóbulo blanco tiene un epigenoma diferente. Los linfocitos, por ejemplo, que son los glóbulos blancos encargados de producir anticuerpos y de reconocer a los microorganismos patógenos y a las células cancerosas, tienen un epigenoma diferente a los monocitos, otro tipo de glóbulo blanco cuya misión es devorar –fagocitar– los microorganismos invasores. ¡E incluso los linfocitos encargados de reconocer a las células cancerosas, denominados «asesinos naturales» –*natural killers*–, presentan un epigenoma diferente a los llamados **linfocitos B**, que son los que producen los anticuerpos! Pero tanto los monocitos como los linfocitos, e incluso las células del corazón o de cualquier otra parte de nuestro cuerpo, tienen exactamente el mismo genoma. En un mismo individuo coexisten un único genoma con muchos epigenomas.

Por otro lado, la palabra *genética* no ha cambiado su significado desde que fue acuñada a principios de siglo xx. La primera persona que la usó fue el genetista británico William Bateson. La referencia escrita más antigua se encuentra en una carta que escribió a un amigo suyo llamado Alan Sedgwick, geólogo de profesión, que está fechada el 18 de abril de 1905. Sacó la palabra *genética* del griego *gennō*, que significa «dar a luz», y la utilizó para referirse al estudio de la herencia biológica y de su variación. También fue Bateson la primera persona que usó esta palabra en público, concretamente en una conferencia que impartió en el *Third International Conference on Plant Hybridisation* (Tercer Congreso Internacional de Hibridación en Plantas), que se celebró en Londres en 1906.

En cambio, el significado de la palabra *epigenética*, que en un párrafo anterior he definido como «la ciencia que estudia cómo se forma, cómo se transmite y cómo actúa el epigenoma», ha cambiado sustancialmente a lo largo de las últimas décadas. Yo mismo, mientras cursaba mis estudios de Biología en la Universidad de Barcelona durante la segunda mitad de la década de los ochenta, asistí a una asignatura por aquel entonces optativa denominada Epigenética que trataba sobre la genética y la biología del desarrollo embrionario, pero que en ningún momento mencionaba las modificaciones epigenéticas tal como las conocemos actualmente. Por cierto, el contenido de esta asignatura, y la forma entusiasta como la impartía el profesor que tuve, me fascinaron tanto que he dedicado muchos trabajos de investigación a la genética y la biología del desarrollo embrionario, algunos de los cuales en coautoría con él.

En este capítulo vamos a ver cuáles fueron los orígenes de la ciencia epigenética. Esto me va a obligar a repescar ejemplos, casos y nombres que tengo enterrados en mi memoria y a buscar material nuevo entre la bibliografía histórica sobre este tema. Paradójicamente, todo lo que voy a aprender sobre aspectos históricos de la epigenética modificará mi propio epigenoma, concretamente el de algunas neuronas de mi cerebro, que se dispararán alocadas –pero bien coordinadas– a medida que yo también vaya aprendiendo cosas nuevas.

Moscas

No es ninguna broma: aprender cosas nuevas modifica el epigenoma. Para escribir cosas razonablemente interesantes hay que leer mucho, y uno de los efectos colaterales de leer es que se aprenden cosas nuevas. De hecho, este es uno de mis principales incentivos vitales: me encanta aprender cosas nuevas, me fascina todo lo que no sé y puedo aprender, tanto como explicarlo. Pues bien, hace unos pocos años se vio que el hecho de aprender cosas nuevas y retenerlas en la memoria altera el epigenoma de neuronas concretas. La memoria se sustenta mayoritariamente en redes neurales, en las conexiones que establecen las neuronas entre ellas. Precisamente, cuando aprendemos cosas nuevas o vivimos cualquier tipo de experiencia, se forman conexiones neuronales nuevas para almacenar esa información. Es lo que se llama *plasticidad neural*; hablaré mucho más de ella en un capítulo posterior. Pero aprender no solo implica hacer conexiones neuronales nuevas, sino también modificar el epigenoma de neuronas específicas del cerebro, precisamente para favorecer que se formen conexiones nuevas a través de determinados programas genéticos.

Dicho de otro modo, para aprender necesitamos que el cerebro establezca conexiones nuevas, y para hacerlo precisa activar determinados programas genéticos. Pues bien, cuando ofrecemos novedades a nuestro cerebro, se producen modificaciones epigenéticas en genes específicos, los cuales favorecen entonces este proceso. Aprender cosas nuevas capacita al cerebro para que le sea más fácil continuar aprendiendo. Por este motivo un cerebro cultivado aprende más y mejor. Y cuanto más aprende, más cultivado está para continuar aprendiendo. Pero esto no solo nos sucede a las personas. Se ha visto que ocurre de forma parecida en todos los animales con cerebro, ¡incluso en las moscas!

Sí, es posible hacer que las moscas aprendan algunas cosas de manera controlada, en el laboratorio. Un ejemplo clásico consiste en añadir una determinada sustancia aromática completamente inocua en el recipiente donde se las mantiene en el laboratorio, normalmente un lote de vidrio, y seguidamente propinarles una leve descarga eléctrica. A pesar de que ese olor sea completamente inocuo, a las pocas repeticiones ya han aprendido que tras el olor se produce la descarga, y se agitan intentando evitarla antes de que se produzca.

Para demostrar que en estos aprendizajes se producen modificaciones epigenéticas en las neuronas del cerebro de las moscas, y que estas modificaciones son necesarias para que se produzca el aprendizaje, se han generado moscas mutantes con algunos de los componentes de la maquinaria epigenética alterados, concretamente de las enzimas y otras proteínas que ponen las marcas epigenéticas o que las interpretan. No hace falta que nos preocupemos ahora de esta maquinaria. Este será el tema central del próximo capítulo. En muchos de estos mutantes, la capacidad de aprendizaje queda claramente alterada e incluso en algunos casos se bloquea completamente. Sin las modificaciones epigenéticas pertinentes, el proceso de aprendizaje y memoria no funciona correctamente. Al final de este capítulo volveremos al tema de la memoria y su relación con las modificaciones epigenéticas, pero en el caso concreto de las personas. Sigamos ahora con las moscas, porque tradicionalmente han sido, y siguen siéndolo en la actualidad, un fantástico modelo experimental para estudiar tanto la genética como la epigenética. Así que vamos a hablar un poco de cuando los genetistas cazaban moscas.

Las moscas son un excelente modelo de estudio por diversos motivos. Por un lado, por estar presentes en todos los continentes, en multitud de especies diferentes pero evolutivamente relacionadas, lo que permite comparar patrones evolutivos. Unos compañeros míos del laboratorio, por ejemplo, se han pasado varias décadas capturando ejemplares de una especie llamada *Drosophila subobscura* en diversos lugares de Norteamérica. Esto les permitió visualizar en 2006 cómo el cambio climático afecta a las distintas variedades genéticas de este tipo de moscas, en un proceso evolutivo mucho más rápido de lo que se preveía, lo que vino a ser una de las primeras demostraciones fehacientes de cómo el cambio climático altera la estructura genética de las poblaciones y su distribución geográfica en el globo terrestre.

Además, las moscas son muy fáciles de mantener en condiciones de laboratorio. Se reproducen con mucha facilidad, tienen muchos descendientes, comen poco –su mantenimiento es muy económico–, caben muchas en un espacio reducido, su ciclo vital es corto –lo que permite analizar varias generaciones en un intervalo corto de tiempo, dos semanas por cada generación–, etcétera. Finalmente, es razonablemente fácil inducir mutaciones en sus genes, las cuales muy a menudo se pueden observar a simple vista, lo que facilita enormemente los estudios de análisis genético.

Por todo ello, la historia de la epigenética está ligada a la de las moscas como modelo experimental y también al avance de los estudios en evolución y en desarrollo embrionario. Actualmente, una de las definiciones más precisas y generales de *epigenética*, complementaria a la que he expuesto al principio de este capítulo y que fue acuñada en 1996, dice que es «el estudio de los cambios heredables en el funcionamiento de los genes que no implican ningún cambio en la secuencia del ADN».

Desde finales del siglo xix hasta bien entrada la segunda mitad del siglo xx, sin embargo, la palabra *epigenética* se usó para definir el estudio de los sucesos que acaecen durante el desarrollo de los organismos, desde la fecundación de un óvulo por parte de un espermatozoide hasta la consecución de la forma adulta de ese organismo. Dicho de otra manera, la epigenética era el estudio de los procesos que permiten obtener un individuo adulto a través de la función de sus genes y de la interacción de sus células, contando también con las influencias ambientales. Esta es la epigenética que yo estudié a finales de la década de los ochenta.

Gatos

Probablemente, la primera persona que se interesó por el desarrollo embrionario de los animales desde una perspectiva científica fue Aristóteles, en la antigua Grecia. Trabajó con distintos animales, muy a menudo con aves como gallinas por la facilidad que implica observar el desarrollo de los embriones dentro del cascarón de los huevos, pero, según parece, no usó moscas. A finales del siglo IV antes de nuestra era escribió «La generación de los animales» (*De Generatione Animalium*, según la traducción en latín de su obra), un texto en cinco volúmenes que fue muy influyente hasta la llegada de los primeros embriólogos modernos. En 1827, el embriólogo alemán Karl Ernst von Baer escribió «La génesis de los óvulos de los mamíferos y los humanos» (*De ovi mammalium et hominis genesi*), un hito científico que marcó los inicios de la embriología moderna.

Durante muchas décadas, hubo dos escuelas enfrentadas en embriología. Los denominados **preformacionistas** consideraban que, ya sea dentro de los óvulos o de los espermatozoides, se encontraba todo el nuevo ser en miniatura, una suerte de homúnculo, de forma que el desarrollo embrionario consistía únicamente en el crecimiento de este ser que ya venía preformado. En cambio, los generacionistas consideraban que el desarrollo embrionario consistía en una serie de reacciones bioquímicas secuenciales encadenadas que ejecutaban un complejo plan, el cual concluía con la generación de un nuevo individuo. La discusión se zanjó en favor de los segundos, lo que abocó a los investigadores a una nueva pregunta. ¿Dónde reside la información que dirige estos procesos bioquímicos?

En 1879, el médico alemán Walther Flemming descubrió los cromosomas, lo que inició el desarrollo de una nueva disciplina científica: la citogenética. Tres décadas más tarde, en 1911, el genetista estadounidense Thomas Hunt Morgan proporcionó pruebas irrefutables de que el material genético se encuentra, precisamente, en los cromosomas, dando así una primera respuesta a la pregunta de dónde reside la información genética. Digo que proporcionó una «primera respuesta» porque los cromosomas están formados por ADN y también por proteínas, como expliqué en los capítulos anteriores, por lo que inicialmente el material genético podía residir en cualquiera de estas dos moléculas. ¿Estaba en el ADN o en las proteínas? De hecho, había más científicos que apostaban por las proteínas que por el ADN, puesto que su estructura es más compleja. Esta controversia se resolvió nuevamente tres décadas más tarde, en 1944, en un inspirado experimento realizado por los investigadores canadienses Oswald Avery y Colin MacLeod y por el norteamericano Maclyn McCarty. Usando diversas cepas de bacterias y enzimas que degradan específicamente las proteínas, el ARN o el ADN respectivamente, demostraron más allá de cualquier duda razonable que el ADN, y no las proteínas, constituyen el material genético.

Pero volvamos al experimento de Morgan de 1911, que realizó, precisamente, en moscas. Como decía, muchos de los primeros genetistas «cazaban moscas», en el buen sentido de la palabra. En 1910, un año antes de su crucial descubrimiento, encontró un mutante de *Drosophila melanogaster*, conocida popularmente como **mosca del vinagre** por su tendencia a concentrarse donde hay ácido acético o fruta en descomposición, que lo genera, que tenía los ojos blancos en lugar de rojos, como todo el resto de las moscas de su laboratorio. Después de realizar diversos cruzamientos, dedujo que el carácter genético «ojos blancos» reside en el cromosoma X. En las moscas, como en las personas, el sexo depende de los llamados **cromosomas sexuales**. También como en las personas, los machos de mosca tienen dos cromosomas sexuales diferentes, llamados X e Y (son, por consiguiente, XY), y las hembras los tienen iguales, dos cromosomas X (son XX). Fíjese el lector que es idéntico a lo que sucede en humanos y, de hecho, en todos los mamíferos, pero téngase en cuenta que en muchos otros animales el mecanismo de determinación del sexo es diferente. Hablé brevemente de ello en el capítulo 2.

Es muy curioso lo que le sucede al cromosoma X, que está íntimamente ligado a la epigenética y a la historia de su avance como disciplina científica. Las hembras de mosca y de los mamíferos, como acabo de decir, tienen dos cromosomas X (XX) y los machos solo uno (XY). Esto implica que las hembras tienen dos copias de cada uno de los genes que se localizan en el cromosoma X, una copia en cada cromosoma, y los machos sola una –puesto que solo tienen un cromosoma X–. Para evitar desequilibrios genéticos, es decir, para armonizar la función de todos los genes del genoma, en las moscas los dos cromosomas X de las hembras funcionan solo al 50 % cada uno, de manera que al final su expresión es la misma que en los machos, cuyo único cromosoma X funciona al 100 %. Pero en las personas, como en todo el resto de los mamíferos, no sucede de esta manera.

En 1948, los canadienses Murray Barr y Ewart George Bertram descubrieron que las células de las hembras de mamífero tienen, en su núcleo, una estructura característica que no poseen los machos, una especie de grumo oscuro que denominaron **corpúsculo de Barr** (cabe decir que Barr era el director de tesis de Bertram, motivo por el cual lleva su nombre y nadie se acuerda de su estudiante). Dos lustros y medio después, en 1961, la genetista británica Mary Lyon descubrió que el corpúsculo de Barr corresponde precisamente con uno de los dos cromosomas X de las hembras, el cual se encuentra plegado y replegado sobre sí mismo formando un grumo que permanece completamente –o casi completamente– inactivo. ¿Dónde quiero ir a parar, con esta historia? Muy simple. En las moscas, para evitar desequilibrios genéticos, ambos cromosomas X de las hembras reducen su expresión al 50 %, de forma que compensan su dosis y en conjunto funcionan exactamente igual que el único cromosoma X de los machos (al 100 %). En cambio, en los mamíferos, incluidas las personas, uno de los dos cromosomas X de las hembras se inactiva y deja literalmente de funcionar, mientras que el otro sigue funcionando al 100 %, como el único cromosoma X de los machos. ¿Cómo se produce esta inactivación? Prosigamos con la historia de la epigenética.

Lyon descubrió que no siempre se inactiva el mismo cromosoma X en todas las células de un mismo individuo. Recuerde el lector que, para cada par de cromosomas, uno procede del padre de ese individuo y el otro de la madre. Sucede lo mismo con los dos cromosomas X de las hembras de mamífero: un cromosoma X procede de su padre y el otro de su madre. Pues bien, en algunas células se inactiva uno de los dos cromosomas X, por ejemplo, el que heredó de su madre, y en otras se inactiva el otro, el cromosoma X heredado del padre. Qué cromosoma X concreto se inactiva es fruto del azar, pero una vez se ha inactivado uno de los dos en una célula, lo cual sucede durante el desarrollo embrionario, todas las células descendientes de ella mantienen el mismo cromosoma X inactivo. Esto genera grupos de células con un cromosoma X inactivo, adyacentes con otros grupos que tienen inactivo el otro cromosoma X (figura 7).

Un ejemplo clásico muy visible de los efectos de la inactivación del cromosoma X puede verse en los gatos, concretamente en la raza denominada calicó –o carey–. Los gatos calicó tienen el pelaje de un color muy característico, con una alternancia de manchas de color marrón anaranjado y manchas negras. Curiosamente, solo las hembras presentan este pelaje. ¿Adivinan por qué? Resulta que el gen que con-

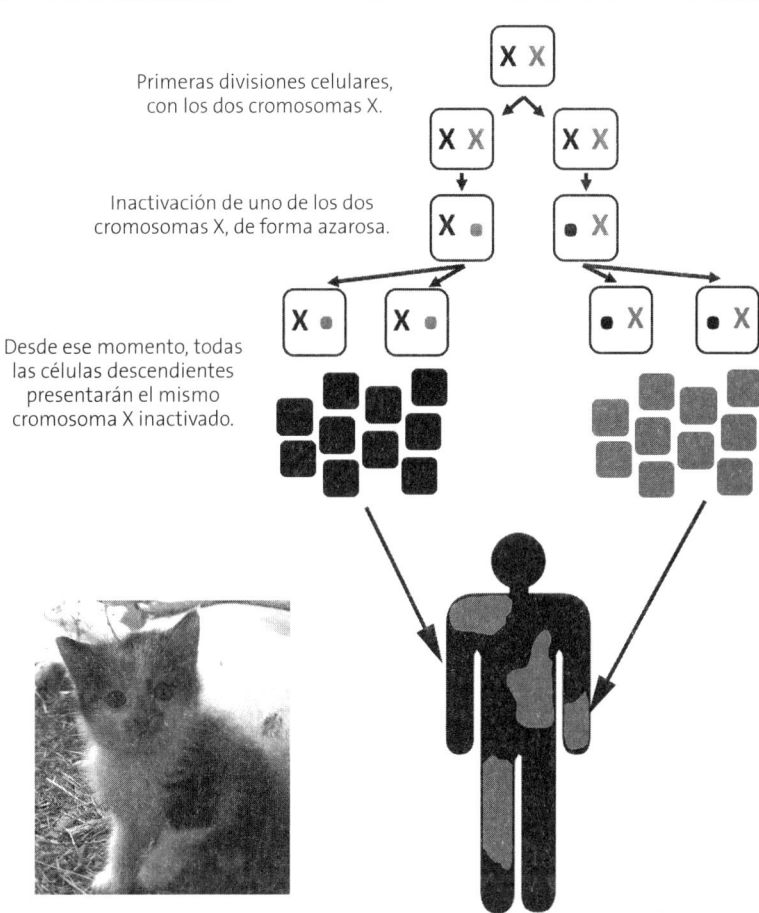

Figura 7. Inactivación azarosa de uno de los dos cromosomas X durante el desarrollo embrionario de las hembras de mamífero (formación del corpúsculo de Barr; en el dibujo se muestra como un punto). Obsérvese que, una vez inactivado uno de los dos cromosomas X, todas las células hijas mantienen el mismo cromosoma X inactivo, lo que genera grupos de células con distinto cromosoma X funcional. Se muestra un caso concreto en la especie humana, la falta de glándulas sudoríparas, y una imagen de una gata calicó, cuyo patrón de coloración depende también de la inactivación aleatoria de uno de los dos cromosomas X. Fotografía del gato calicó: Creative Commons (https://commons.wikimedia.org/wiki/File:Chaton_tricolore.jpg).

trola la coloración del pelaje está en el cromosoma X. En las hembras de los gatos calicó, uno de los dos cromosomas X lleva el gen que determina «color negro», mientras que el gen correspondiente del otro cromosoma X determina «color marrón anaranjado». Los grupos de células en que se ha inactivado el cromosoma X que lleva la variante «color negro» mostrarán solo el color marrón anaranjado, y viceversa, lo que generará el patrón de manchas característico de estos gatos. Este es el origen de las manchas en estos gatos: la inactivación azarosa de uno de los dos cromosomas X. Y por este mismo motivo, los machos no pueden mostrar este patrón calicó de coloración.

Se conocen también diversos casos en la especie humana, como, por ejemplo, la presencia o ausencia de glándulas sudoríparas. La formación inicial de las glándulas sudoríparas depende de un gen que se encuentra en el cromosoma X. Presenta dos variantes génicas: una permite la formación de glándulas sudoríparas y la otra no. Esta última variante es muy poco frecuente, pero se han encontrado mujeres con una copia de cada en su genoma. En estos casos, hay zonas más o menos extensas de piel con glándulas sudoríparas entre las que se encuentran otras zonas que carecen de ellas, en función de qué cromosoma X se haya inactivado en cada caso —y, por consiguiente, qué copia concreta se esté expresando.

Pues bien, en 1975 se descubrió que el cromosoma X inactivado está repleto de marcas epigenéticas, concretamente de las denominadas **metilaciones del ADN**, cuya función, como veremos con más profundidad en los próximos capítulos, es precisamente inactivar los genes que se encuentran cerca. Todo el corpúsculo de Barr, todo el cromosoma X inactivado, está repleto de estas modificaciones epigenéticas que lo inactivan. Este descubrimiento significó un cambio en la percepción de la epigenética, puesto que por primera vez se observó su influencia directa en el control de la expresión génica. Pero la historia no termina aquí.

Personas

A partir de este descubrimiento y de otros de índole similar, la epigenética dio un vuelco. Lo que hasta entonces parecían simples «anécdotas» cromosómicas empezaron a cobrar progresivamente más importancia, hasta la actualidad. En 1983 se descubrió que estas modificaciones epigenéticas no se producen en cualquier sitio de los cromosomas, sino en zonas donde hay una combinación muy concreta de nucleótidos (ristras de nucleótidos CG encadenados), lo que implica que su generación debe estar controlada de algún modo. Y en 1993 se descubrieron las primeras proteínas que reconocen las marcas epigenéticas e inactivan los genes adyacentes a ellas. En esa época, en 1993, yo estaba en la recta final de mi tesis doctoral, trabajando en genética y biología del desarrollo (lo que poco tiempo antes todavía se denominaba **epigenética**). Como ven, el significado había cambiado en pocos años.

Hay muchísimos más descubrimientos en la historia de la epigenética que han sido relevantes y que han llevado esta disciplina al momento actual. En muchos de los casos, cabe reconocer que fueron descubrimientos inesperados –pero no fortuitos, porque implicaron el trabajo consciente y concienzudo de multitud de científicos–. Como escribió Isaac Asimov, mundialmente famoso por sus libros de ciencia ficción y de divulgación de la ciencia, «la frase más emocionante que uno puede oír en ciencia, la que anuncia los nuevos descubrimientos, no es "¡Eureka!", sino "es gracioso"». Por ejemplo, en 1970 Peter Jones, un joven científico sudafricano, empezó a trabajar con un producto químico llamado **5-azacitidina** que se sabía que tenía efectos anticancerígenos y que se usaba para tratar, no siempre con éxito, algunos tipos de leucemia. Sus propiedades anticancerígenas eran una evidencia empírica, pero nadie sabía a ciencia cierta cómo funcionaba, a qué era debido este efecto.

Jones y su grupo de trabajo empezaron a probar este compuesto químico en células cancerosas que cultivaban en el laboratorio. Un día, mientras estaban procesando los frascos donde cultivaban estas células tumorales, descubrieron en uno de ellos un pequeño grumo. He trabajado muchas veces a lo largo de mi carrera con células en cultivo, y por experiencia sé que, normalmente, la presencia de un grumo indica que algún hongo ha penetrado en el frasco y lo ha contaminado –lo que hace que a uno se le ericen los pelos, porque una contaminación en un solo frasco puede terminar perjudicando todo el resto y malogrando el experimento entero–.

Sin embargo, cuando lo observaron detenidamente, vieron que el grumo estaba formado por células musculares, completamente distintas a las que estaban cultivando. «Qué gracioso –pensaron–. ¿Cómo pueden haber llegado estas células musculares hasta aquí si nosotros no las pusimos?» Tras diez años de nuevas e intensas investigaciones dieron con la clave. Este producto químico, la 5-azacitidina, altera las modificaciones epigenéticas de las células, lo que hace que cambie la expresión de sus genes. Y con este cambio de expresión se altera toda la morfología celular, puesto que depende de qué genes están funcionando. De forma indirecta e inicialmente inesperada, estos experimentos y otros muchos similares han ido abriendo el camino hacia la epigenética moderna.

Un último caso antes de terminar el capítulo, sorprendente por su origen, aunque, por el hecho de afectar especialmente a niños, el término *gracioso* no le pega para nada. Hace ya algunas décadas se observó que algunas enfermedades genéticas debidas a mutaciones en genes concretos solo se transmiten a la descendencia si el portador es el padre o si lo es la madre, según cada enfermedad. Por ejemplo, se conoce una enfermedad genética denominada **síndrome de Prader-Willi** que sigue este patrón. Durante la etapa de lactancia, los bebés afectados presentan hipotonía –debilidad muscular– y dificultad para succionar, lo que ocasiona un retraso en su crecimiento. Posteriormente, durante la infancia, se produce un retraso en el desarrollo psicomotor y una discapacidad intelectual. Además, los problemas de alimentación que se observan durante la primera infancia se invierten, y están constantemente hambrientos, lo que suele desencadenar obesidad severa. Este síndrome genético afecta a uno de cada veinte mil bebés que nacen vivos. Curiosamente, los padres de estos niños no muestran ninguno de estos síntomas. ¿Cuál es, pues, el motivo de que se vean afectados? En 1989, justo el año en que me licencié en Biología, un grupo de investigadores del Hospital Infantil de Boston dio con la respuesta. Por aquel entonces ya se sabía que esta enfermedad está relacionada con una mutación en el cromosoma 15, concretamente con una deleción –que consiste en la falta de un trecho de ADN–. Lo que observaron estos investigadores fue que si era el padre quien transmitía el cromosoma mutado, su hijo padecía esta enfermedad. En cambio, si era la madre quien se lo había transmitido, entonces ¡padecían otra enfermedad completamente diferente! Esta otra enfermedad, que se conoce como **síndrome de Angelman**, se caracteriza por un desarrollo anormal del cerebro que causa deficiencias cognitivas importantes (pero no causa ni hipotonía en la primera infancia ni obesidad más tarde). Hasta aquí no hay epigenética por ninguna parte. No se preocupen, que ahora llega.

Cuando se descubrió el origen genético de estas enfermedades, se empezaron a analizar todas las personas afectadas, y entonces se descubrió que en muchas de ellas no faltaba ningún pedazo del cromosoma 15. Este cromosoma era completamente normal a nivel de ADN, sin ninguna mutación relacionada con estas enfermedades. ¿Por qué, pues, padecían el síndrome de Prader-Willi o el de Angelman? Por un motivo muy simple, que fue descubierto en 1991 en el Instituto de Salud Infantil de Londres. Resulta que, durante la formación de los gametos, las células sexuales implicadas en la reproducción, los óvulos y los espermatozoides, se realizan modificaciones epigenéticas de forma automática en algunos genes, pero estas modificaciones ¡son diferentes según se trate de óvulos o de espermatozoides! Dependen del sexo de la persona que los está produciendo.

Si es un hombre, produce espermatozoides, y en sus espermatozoides se silencian epigenéticamente algunos genes. Esto hace que en los nuevos individuos solo funcione el gen equivalente heredado de la madre. Y viceversa. Las mujeres producen óvulos, y en sus óvulos se silencian epigenéticamente otros genes. Es un sistema que evita que haya un exceso de actividad en determinados genes silenciando unos u otros. Pues bien, si por algún motivo estas modificaciones no se realizan de forma correcta en esta región del cromosoma 15, el resultado es el mismo que si hubiese una mutación.

Estas modificaciones epigenéticas que se producen durante la formación de los gametos de forma diferencial según sean óvulos o espermatozoides se denominan de forma genérica *impronta genética* y, como he dicho, contribuyen a regular el funcionamiento de los genes. Se conocen más de trescientos genes improntados en los seres humanos, es decir, más de trescientos genes que contienen modificaciones epigenéticas distintas en función de si los hemos heredado de nuestra madre (a través del óvulo que nos formó) o de nuestro padre (a través del espermatozoide que lo fecundó).

Con estos y otros datos similares se vio, hace poco más de dos décadas y media, que las modificaciones epigenéticas no solo afectan a cromosomas completos, como durante la inactivación de uno de los dos cromosomas X en las mujeres, sino a la expresión de genes individuales. Y que su formación es compleja y regulada.

Estos son, de forma muy sucinta, algunos de los principales hitos en la historia de la epigenética, que nos ha transportado desde el siglo XIX hasta la actualidad. Y, como decía al empezar este capítulo, todo lo que puedan haber aprendido en el ínterin sin duda ha modificado el epigenoma de algunas de sus neuronas (como ha ido modificando el mío a medida que se iban haciendo nuevos descubrimientos y los integraba en mi memoria). Por cierto, ¿qué genes se ven afectados por estas modificaciones epigenéticas relacionadas con el hecho de aprender cosas nuevas?

Se conoce un gen, denominado **factor neurotrófico derivado del cerebro** (o *BDNF*, por sus iniciales en inglés, *brain-derived neurotrophic factor*), que está implicado en la capacidad que tienen las neuronas de formar nuevas conexiones entre ellas o, lo que es lo mismo, en la plasticidad neural. Su función es facilitar que las neuronas hagan prolongaciones con las que conectarse y que cuando una de estas prolongaciones encuentre otra neurona se conecten. En terminología científica, las conexiones entre neuronas se denominan **sinapsis**. Este factor BDNF se descubrió en el cerebro de pollos en el año 1950, y en mamíferos se identificó algo más tarde, en 1982, concretamente en cerdos. Poco después se vio que lo tenemos todos los mamíferos, también las personas. Este gen está activo en determinadas neuronas, especialmente en el hipocampo y en la corteza cerebral. A nivel funcional, el hipocampo es el centro gestor de la memoria. Esta no reside físicamente en esta zona, sino que se encuentra repartida por todo el cerebro, especialmente en la corteza cerebral. El hipocampo vendría a ser como la lista de favoritos de un navegador de Internet. Del mismo modo que estas listas registran las direcciones de las páginas web correspondientes, el hipocampo almacena información sobre qué redes neuronales sustentan cada memoria particular. Por lo que respecta a la corteza cerebral, como acabo de decir, almacena la memoria, pero también gestiona los nuevos aprendizajes y genera los procesos más elaborados de nuestra vida mental, como la capacidad de planificar el futuro, la toma de decisiones, el control emocional, el lenguaje, la empatía, el control ejecutivo, etcétera.

Se ha visto que la expresión del gen *BDNF* aumenta cuando el ambiente en que se educa una persona es rico en estímulos de aprendizaje, lo que a su vez favorece que se establezcan nuevas sinapsis, incluso entre neuronas que se encuentran muy alejadas unas de otras, a través de sus prolongaciones. Y esto es lo que permite almacenar nuevos conocimientos. Pues bien, este incremento de expresión viene dado por modificaciones epigenéticas con un funcionamiento muy curioso.

Este gen contiene, de inicio, modificaciones epigenéticas que bloquean su funcionamiento. Los ambientes mentalmente ricos y estimulantes hacen que desaparezcan las modificaciones epigenéticas que lo bloqueaban, por lo que entonces aumenta su expresión y, con ella, la capacidad de hacer nuevas conexiones neuronales. Pero estas marcas epigenéticas solo desaparecen en el hipocampo y en la corteza cerebral –y en alguna otra zona que ahora no viene al caso–, lo que enfatiza su gran especificidad de funcionamiento. Ciertamente están implicadas en el aprendizaje, la cognición y, también, en el control emocional. Ya sé que todavía no he hablado de en qué consisten exactamente estas modificaciones, pero a través de estos ejemplos pueden ir viendo su gran complejidad funcional.

Es un tema social e individualmente más importante de lo que pueda parecer a simple vista, porque se ha visto que una baja funcionalidad del gen *BDNF* se correlaciona no solo con una menor capacidad de aprendizaje y, por consiguiente, de transformación personal, sino también con una mayor probabilidad de padecer depresión y algunos otros trastornos mentales –como, por ejemplo, manifestar tendencias suicidas–, posiblemente por una menor capacidad para gestionar las emociones. Y las emociones negativas, como el miedo, la ira y la tristeza, pueden ser muy perjudiciales para la vida mental de una persona si no se gestionan adecuadamente. Por cierto, estos trabajos sobre las modificaciones epigenéticas que influyen en los aprendizajes y la memoria, y también en el estado de ánimo, a través del gen *BDNF* fueron publicados en 2013. Como ven, la epigenética no es solo historia, sino también presente y, muy especialmente, futuro. Es una disciplina científica que está creciendo a pasos de gigante y que sin duda va a depararnos muchas nuevas sorpresas.

Por fin ha llegado el momento de explicar con todo lujo de detalles cómo son y cómo funcionan las modificaciones epigenéticas.

4.
Qué son y qué hacen las modificaciones epigenéticas: la orquesta contrata a un nuevo director adjunto

El 27 de febrero de 1998, el periódico británico *The Independent* publicó una noticia que heló la sangre a muchas personas. La prestigiosa revista médica *The Lancet* acababa de publicar un estudio realizado por un equipo del Royal Free Hospital de Londres según el cual la aplicación de la vacuna triple vírica, diseñada para prevenir y erradicar el sarampión, las paperas y la rubéola, tres de las enfermedades infecciosas que más muertes infantiles han provocado históricamente hablando, podía aumentar el riesgo de que los niños desarrollasen autismo. Rápidamente, una multitud de periodistas empezó a entrevistar a los médicos implicados en dicho estudio y la noticia dio la vuelta al mundo. Pero diez de los doce coautores del trabajo se desmarcaron y reconocieron que los datos de que disponían no apoyaban esta hipótesis. Los otros dos, entre los cuales se encontraba el director del proyecto, se mantuvieron firmes en sus posiciones. Cabe preguntarse si, en el caso de los diez investigadores que se detractaron, el trabajo se había publicado sin su consentimiento o bien si, previendo las consecuencias que podía tener, decidieron apearse a tiempo por precaución.

Diversos equipos de investigación de otros centros intentaron reproducir los resultados, sin éxito. En todos los demás trabajos, absolutamente en todos los trabajos científicos realizados sobre este tema, sin excepción, no se halló ninguna relación entre la aplicación de esta vacuna en la población infantil y un incremento del riesgo de desarrollar autismo. Repito, ninguna relación. Investigaciones posteriores revelaron graves errores metodológicos en el trabajo original y, lo que es peor, que se había cometido fraude por intereses económicos. Por un lado, únicamente habían examinado a doce niños, todos con autismo. La prueba que según los autores era concluyente era que a todos estos niños se les había suministrado la vacuna seis meses antes de manifestar los primeros síntomas de autismo. A simple vista puede parecer una relación de causa y efecto, pero, sin embargo, no tiene nada de particular. Como se ha visto, es una simple coincidencia. Simplemente, la edad a la que está previsto suministrar esta vacuna coincide con la edad en que los niños empiezan a mostrar signos de socialización, y la ausencia de estos signos es lo que puede llevar al diagnóstico de autismo. Como digo, una simple coincidencia temporal entre dos hechos por lo demás desconectados.

Se mire como se mire, siempre parecerá que hay una coincidencia, pero es puro azar, fruto de la casualidad temporal, no de una causalidad entre la vacuna y el autismo. Además, conscientemente, en este polémico trabajo se eliminaron casos que también habían desarrollado autismo pero que no habían recibido la vacuna, para que sus datos coincidiesen mejor con lo que querían demostrar. Aquí es donde está el fraude, condenable a todas luces. El método científico no funciona de esta manera, descartando lo que no interesa, sino incluyéndolo todo y buscando la interpretación más plausible con todos los datos de que se dispone, gusten o no. ¿Y los intereses económicos? Sencillamente, tiempo después se descubrió que el director de este trabajo había recibido una cuantiosa suma de dinero de un bufete de abogados que representaba a un colectivo que quería que se aboliese el sistema de vacunación obligatorio. En 2010, doce años después del inicio de este desaguisado, la revista *The Lancet* publicó un breve escrito reconociendo el error de haber publicado el trabajo original sin haber tomado todas las precauciones necesarias.

Seguramente se deben estar preguntando qué tiene que ver esta historia con las modificaciones epigenéticas. Pues nada de nada, y absolutamente todo al mismo tiempo. *Nada* porque esta historia no encierra en sí misma ningún misterio epigenético. Y *todo* porque, de algún modo, la «moda epigenética» que se está empezando a extender en algunos sectores puede hacer creer a algunas personas cosas que no son ciertas y generar falsas expectativas e incluso fraudes que lo único que persiguen son intereses económicos. Uno de los motivos de esta «moda epigenética» es la gran explosión de artículos científicos que abordan este tema. A finales de

2017, el principal buscador de artículos científicos de Internet, PubMed –que depende del Centro Nacional de Información Biotecnológica de los Estados Unidos, es de libre acceso y solo incluye trabajos publicados en revistas con validez científica contrastada–, arrojaba la friolera cifra de más de cincuenta mil artículos publicados sobre el tema, veinte mil de los cuales durante los últimos cuatro años, de 2013 a 2017. Es imposible digerir tal cantidad de información, lo que conlleva que alguien se pueda generar falsas expectativas y también que haya quien lo aproveche para tergiversarlo en beneficio propio.

La epigenética está ocupando todos los campos de la biología y la medicina, eso es absolutamente cierto, y se está convirtiendo en una herramienta clave para entender muchos procesos de salud y enfermedad, pero no es milagrosa. Como veremos en capítulos posteriores, los alimentos que ingerimos, por ejemplo, o el trato que damos a los demás y que recibimos del entorno condicionan hasta cierto punto algunas modificaciones epigenéticas, pero no obran milagros. Por eso es importante ver qué son estas modificaciones, cuál es su naturaleza química y molecular, cómo se establecen y cómo funcionan. Y vamos a verlo en este capítulo.

El cinematógrafo

Recapitulemos un poco. En el capítulo 2 analizamos la arquitectura del genoma, cómo se encuentran los genes en el

ADN y qué función tienen todas las zonas intergénicas, las que no contienen genes. Vimos, precisamente, que estas zonas, antaño llamadas **ADN basura**, tienen una función crucial para el funcionamiento genético de los organismos. Regulan cuándo, dónde y con qué intensidad debe funcionar cada uno de los algo más de veinte mil genes que contiene nuestro genoma. Estas regiones incluyen los promotores, donde se une la maquinaria molecular que debe iniciar la transcripción (el paso de ADN a ARN, para que luego este pueda ser traducido a una proteína, si es el caso; véase la figura 3), y también los intensificadores y los silenciadores, donde se unen los factores de transcripción (véase la figura 6). Vendrían a ser, usando el mismo símil que entonces, el director de la orquesta genética de nuestro cuerpo. Muchas enfermedades genéticas humanas no son debidas a mutaciones que alteran el mensaje que los genes llevan escrito, sino a mutaciones en las zonas reguladoras. No es que se haya obturado el trombón, por así decir, sino que el director no le ha dado paso a la sinfonía en el momento oportuno, lo que genera que se pierda la armonía del conjunto. Pues bien, la orquesta genética es tan grande que no tiene suficiente con un solo director y ha contratado a un nuevo director adjunto, el epigenoma.

Buscando otro símil, para no recurrir siempre al de la orquesta, el genoma, con todos sus elementos reguladores, vendría a ser como un cinematógrafo. El cinematógrafo es una máquina capaz de filmar y proyectar imágenes en movimiento. Fue obra de los hermanos Lumière, los padres del cine moderno, que lo patentaron a finales del siglo XIX. Su primera película, *Salida de los obreros de la fábrica Lumière en Lyon Monplaisir*, fue presentada el 22 de marzo de 1895, tres días después del rodaje, y se convirtió en todo un hito de la naciente industria cinematográfica. La potencia de este nuevo medio artístico, sin embargo, no se hizo plenamente patente hasta *La llegada de un tren a La Ciotat*, que conseguía que el público que asistía a su exhibición huyese despavorido pensando que el tren les iba a arrollar. Pues bien, el genoma, la secuencia de ADN que incluye tanto los genes como los elementos reguladores, vendría a ser como un cinematógrafo, sin el cual la película de la vida no es posible. Pero para que funcione es necesario que haya un filme, con las escenas que hay que proyectar. Ese filme sería, en esta comparación, las modificaciones epigenéticas.

En el capítulo anterior hemos visto cómo ha ido avanzando esta disciplina científica, la epigenética, y también que el significado de esta palabra ha ido cambiando con el paso del tiempo. A pesar de ser una disciplina muy nueva, las modificaciones epigenéticas son evolutivamente muy antiguas, lo que enfatiza todavía más su importancia biológica. Se han detectado en algunas bacterias, los seres vivos más simples que se conocen, aunque no son exactamente iguales que las nuestras. También este director adjunto ha ido cambiando con el tiempo, refinando y ampliando su función a través de la selección natural, el mecanismo evolutivo por excelencia. Como también ha cambiado el séptimo arte, de las películas iniciales en blanco y negro hasta las actuales, donde el color juega un papel muy importante, e incluso podemos verlas en tres dimensiones (por no hablar del paso del cine mudo al sonoro y del cambio del celuloide a los soportes digitales). Durante siglos se ha distinguido entre lo que es innato y lo que adquirimos a través de la cultura y la educación. O entre herencia y crianza, como propuso por primera vez desde un punto de vista científico el erudito inglés Francis Galton en el siglo xix. En inglés genera un juego de palabras interesante, *nature* (herencia) y *nurture* (crianza). Galton lo veía como una suerte de batalla entre la herencia y la experiencia, que nos configura a lo largo de toda la vida. Ahora sabemos que la herencia son los genes y la experiencia, todo aquello que aprendemos y que configura –o termina de configurar– nuestras redes neurales. Y el epigenoma, ¿qué posición ocupa en este aparente dualismo? Pues se encuentra a medio camino entre los genes y el ambiente, relacionándolos. Algunas marcas epigenéticas nos las pasan nuestros progenitores en lo que se llama **impronta genética** –hablé de ella en el capítulo anterior– y muchas otras se van estableciendo a lo largo de la vida en interacción con el ambiente. No hay, pues, una frontera clara entre herencia y crianza, entre lo innato y lo adquirido. O al menos no es tan clara como tal vez a muchos les gustaría.

Mientras estaba escribiendo este capítulo, la revista *Science* publicó un artículo que demuestra la integración entre herencia y crianza, y que afecta a la educación y la formación de nuestros hijos (y, por supuesto, también afectó a la nuestra cuando éramos niños). No habla explícitamente de epigenética, pero sin duda está implicada. Se lo cuento muy brevemente. Un equipo de investigación quería dilucidar si nuestro genoma, las variantes génicas concretas que tiene, influye en los años que una persona dedica a su propia escolarización. Se trata de un ejemplo clásico de herencia versus crianza. La pregunta era simple: los años que un niño o una niña dedica a ir a la escuela y al instituto para formarse, ¿dependen más de su genoma, de las variantes concretas que tenga, o del ambiente socioeconómico donde se ha criado y del influjo de sus progenitores? En principio, todos diríamos –yo también– que esto depende en exclusiva –o casi en exclusiva– del ambiente y de los progenitores o, dicho de otra manera, de las oportunidades que el ambiente cultural y socioeconómico de sus padres le han ofrecido. La pregunta que se formularon estos investigadores respondía a los resultados de un estudio previo, realizado unos años antes en Inglaterra, que había demostrado que tenemos al menos setenta y cuatro variantes génicas que influyen en los años de escolarización.

Sin duda el ambiente es crucial, pero, según este trabajo, el genoma también influye. Las ganas de aprender, de ampliar conocimientos y de crecer intelectualmente tienen también una base genética. En este trabajo, publicado a principios del 2018, los investigadores analizaron a la población islandesa. Está formada por algo más trescientas mil personas, y de muchas de ellas se dispone de información genética muy completa. Esto les permitió también comparar la información genética de padres e hijos y correlacionarla con los años que dedican a la educación. Lo que vieron fue sorprendente. Las variantes génicas que los padres han transmitido a sus hijos influyen en los años que dedican a la escolarización, como ya había demostrado un estudio previo realizado en Inglaterra, pero no solo influyen las variantes que les han transmitido, sino también ¡las que no les han transmitido! Dicho de otro modo, para pronosticar cuántos años va a dedicar un niño a formarse no es suficiente con tener en cuenta el ambiente cultural y socioeconómico de los padres, ni tampoco el genoma del niño. Es necesario tener en cuenta el genoma de los padres, incluidas las variantes génicas que no les han transmitido. Recuérdese de un capítulo anterior que los progenitores solo transmiten la mitad de sus variantes génicas a sus descendientes, una mitad diferente a cada descendiente por simple azar.

¿Cómo es posible que también influyan las variantes que los progenitores no han transmitido a sus hijos? Muy sencillo. El genoma de los padres contribuye a su propia forma de ser —no la determina, puesto que el ambiente y las experiencias que han vivido son igualmente importantes, pero sí la condiciona—, y estos comportamientos incluyen, por ejemplo, la manera como educan a sus hijos y la atención que les dedican. Pues bien, estos aspectos también influyen en los años que sus hijos van a estar escolarizados. Todos estos genes, tanto en el genoma de los progenitores como en el de sus descendientes, pueden presentar modificaciones epigenéticas que van a contribuir a regular su funcionamiento, y que actuarán de «director adjunto». En cierto modo, pues, las marcas epigenéticas de los padres terminan influyendo en sus hijos, aunque estos no las hereden directamente. Así que vamos a ellas.

El cine mudo

Hay dos grandes grupos de modificaciones epigenéticas: las que se establecen directamente sobre la cadena del ADN, fijándose en algunos de sus nucleótidos, y las que se establecen en las proteínas histonas que lo acompañan. Empecemos por las primeras, mucho más simples en estructura y función. Si estableciésemos un paralelismo con la historia del séptimo arte, debemos empezar con las películas en blanco y negro. El primer tipo de modificación epigenética que fue descubierto fueron las metilaciones en el ADN. Una metilación consiste en la adición de un grupo químico denominado **metilo** a otra molécula, sea la que fuere, aunque en el caso de estas modificaciones epigenéticas siempre se produce sobre algunos nucleótidos concretos que forman la hebra de ADN. Los grupos metilo son estructuralmente muy sencillos y pequeños. Están formados por un único átomo de carbono (C) unido a tres átomos de hidrógeno (H). Su fórmula química, solo como curiosidad, es CH_3. «Son pequeños pero matones», como dice el refranero. Cabe aclarar que en este refrán la palabra *matón* se emplea en sentido figurado, y equivale a *eficaz, solvente* o *rápido*. Como modificaciones epigenéticas, los grupos metilo son muy pequeños, pero son altamente eficaces, muy solventes y de actuación rápida.

Se unen a nucleótidos concretos del ADN, siempre a una citosina. Recuerde el lector que el ADN está formado por una larga ristra de nucleótidos encadenados, de los que hay cuatro tipos diferentes: adeninas (A), timinas (T), guaninas (G) y citosinas (C). Y no debe confundirse la C con la que se designan las *citosinas* con la C que designa un *átomo de carbono*, como el que forma parte de los grupos metilo; una misma letra para dos constituyentes diferentes. El lenguaje científico, aunque rehúye las ambigüedades, no siempre lo consigue. Para que nos hagamos mejor una idea de la pequeñez de los grupos metilo, vamos a hacer una sencilla comparación. Una de las muchas maneras que usan los químicos y los bioquímicos para describir los átomos y las moléculas es por su masa molecular, que viene a ser algo así como el peso pero a escala atómica. Para medir su masa se usan las denominadas **unidades de masa atómica**, o **UMA** por sus iniciales. Una UMA equivale a $1,66 \times 10^{-24}$, gramos, es decir, a 0,00000000000000000000000166 gramos.

Pues bien, la masa molecular de una molécula de metilo es de quince UMA. En comparación, los nucleótidos citosina sobre los que se unen estos grupos metilo es aproximadamente de seiscientos UMA. Dicho de otro modo, cuando se añade un grupo metilo a uno de estos nucleótidos, su masa global solo aumenta un 2,5 %. Vendría a ser algo así como pegar una lenteja a una pelota de tenis. Es un cambio pequeño, casi inapreciable a simple vista si no se busca adrede, pero las consecuencias sobre la función génica son impresionantes –como también cambiarían radicalmente los rebotes de la pelota de tenis si tuviese una lenteja pegada–. La citosina es el único nucleótido sobre el que se pueden unir grupos metilo para establecer modificaciones epigenéticas (figura 8). Es así en todos los seres vivos, excepto en las bacterias. En estos organismos tan sencillos, las metilaciones epigenéticas se establecen en los nucleótidos adenina (A), aunque su frecuencia es extraordinariamente menor que en el resto de los seres vivos. De hecho, cuanto mayor es la complejidad de un organismo, más modificaciones epigenéticas se establecen en su genoma.

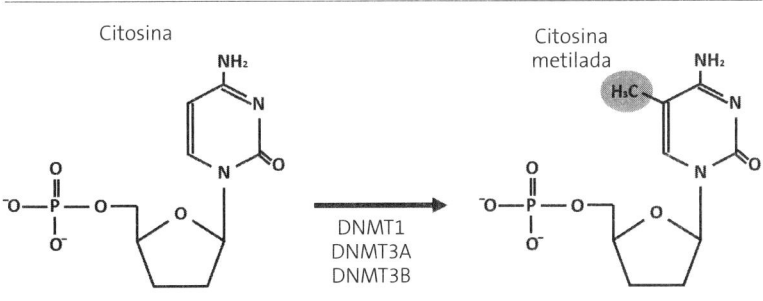

Figura 8. Estructura de un grupo metilo unido a una citosina. Se indica el nombre de las enzimas que dirigen esta unión (véase el texto para una explicación más detallada de su función).

No todas las citosinas del ADN son susceptibles de ser metiladas, solo aquellas que se encuentran al lado de una guanina (G) –otro de los nucleótidos del ADN–. Se dice que las metilaciones se producen en las llamadas **islas CG**, que son zonas del genoma donde abunda esta combinación de nucleótidos. Estas islas se encuentran muy a menudo poco antes del inicio de los genes, en los denominados **promotores**. Hablé de ellas en el capítulo 2, cuando traté el tema de la arquitectura del genoma (véase la figura 6). El 60 % de los genes humanos tienen islas CG en sus promotores. No solo se encuentran al inicio de los genes; a veces también las hay dentro de ellos. No todas estas islas CG, sin embargo, están metiladas. ¿Cómo se establecen estos grupos metilo y cuál es su función?

A principios de los ochenta se demostró que si se inyecta el ADN correspondiente a un gen cualquiera dentro de una célula de mamífero que se mantiene en cultivo en el laboratorio, en condiciones que se denominan *in vitro*, el gen puede expresarse y dirigir la fabricación de la proteína correspondiente. Esto sucede si las islas CG de su promotor no están metiladas. En cambio, si las islas CG del promotor están metiladas, entonces el gen no se expresa y no se fabrica el ARN correspondiente (véase la figura 3, donde se resume el proceso de flujo de información génica desde el ADN hasta las proteínas pasando por el ARN). Dicho de otro modo, la función de estas modificaciones epigenéticas, de la metilación de las citosinas en las islas CG de los promotores, es bloquear e impedir la expresión del gen adyacente. Esto puede suceder en el 60 % de los genes humanos que he dicho que tienen islas CG. Vienen a ser como una película en blanco y negro, con dos opciones posibles: si está metilado, el gen no se expresa (vendrían a ser las secciones en negro de un fotograma); si no está metilado, entonces su expresión dependerá de la unión de los factores de transcripción correspondientes, según expliqué en el capítulo 2 (las secciones en blanco o en cualquier tono de gris de los fotogramas, según regulen los factores de transcripción).

La metilación del ADN está regulada por una familia de enzimas, codificadas en el genoma, que de forma genérica se denominan **metiltransferasas del ADN** (o **DNMT**, por sus iniciales en inglés, *DNA methyltransferase*). Hay cinco enzimas DNMT diferentes, que se enumeran DNMT1, DNMT2, DNMT3A, DNMT3B y DNMT3L (véase la figura 8). Cada una de ellas tiene una función ligeramente diferente. Las enzimas DNMT3A y DNMT3B son las encargadas de metilar islas CG que todavía no están metiladas para establecer dicha modificación epigenética. Su tarea se ve ayudada por la DNMT3L, que no establece metilaciones por sí misma, pero que ayuda a las otras dos enzimas a hacerlo. La DNMT2 es muy específica y es la encargada de metilar una isla CG muy concreta que se encuentra en un tipo de ARN que forma parte de la maquinaria genética de fabricación de las proteínas. Se desconoce por qué existe esta especificidad tan especial para esta metilasa. Finalmente, la DNMT1 es la encargada de remetilar las islas CG durante la replicación del ADN.

En este sentido, cuando una célula debe reproducirse, primero hace una copia de todo su ADN, para que así cada célula hija herede un genoma completo, al que no le falte nada. Para copiarse, las dos hebras que forman la doble hélice del ADN se separan, de forma que cada una sirve de molde para fabricar la cadena complementaria (recuérdese la estructura del ADN que vimos en el capítulo 1). Al final, cada nueva doble cadena de ADN contiene una hebra antigua, que conserva todas sus metilaciones epigenéticas, y una hebra nueva, que no tiene ninguna. Pues bien, la función de la enzima DNMT1 es reseguir todo el ADN para metilar las cadenas nuevas en el mismo sitio donde estaban metiladas las antiguas (figura 9). De este modo, el patrón de las metilaciones se conserva entre las células progenitoras y sus células hijas. Este patrón se hereda entre cualquier célula y todas sus descendientes dentro de un mismo organismo.

Un caso muy concreto de metilaciones epigenéticas es el que se produce en la denominada **impronta genética**, que mencioné brevemente en el capítulo anterior. La impronta genética consiste en la metilación diferencial de genes en función de si son heredados por vía paterna o materna. Se produce durante la formación de los gametos, dependiendo de si son óvulos o espermatozoides, y su función es que en los descendientes se exprese una sola de las copias de ese gen. Uno de los casos más estudiados es el del gen *IGF2*. Este gen fabrica una hormona cuya estructura es muy similar a la de la insulina (de hecho, el nombre *IGF2* procede de las iniciales de *insulin growth factor 2*, o factor de crecimiento insulínico número 2). Su función es estimular la proliferación celular y el crecimiento de diversos órganos y tejidos durante el desarrollo embrionario y fetal, como, por ejemplo, el hígado, los riñones, el páncreas y los intestinos, entre otros.

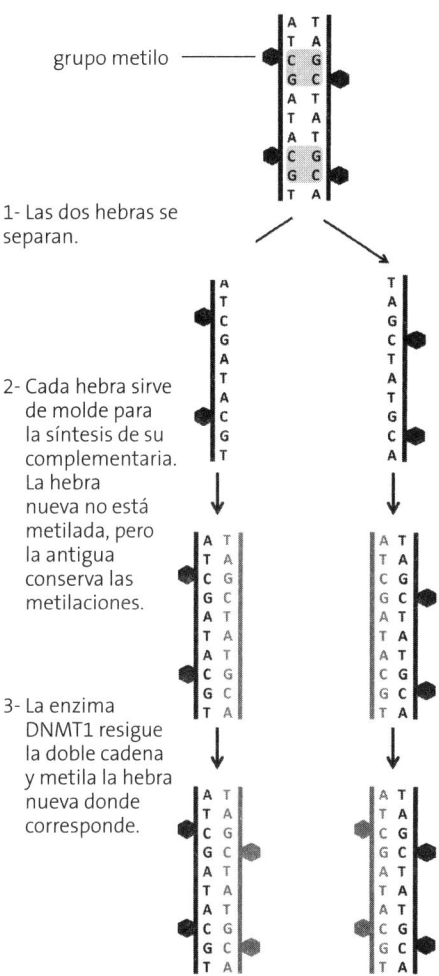

grupo metilo

1- Las dos hebras se separan.

2- Cada hebra sirve de molde para la síntesis de su complementaria. La hebra nueva no está metilada, pero la antigua conserva las metilaciones.

3- La enzima DNMT1 resigue la doble cadena y metila la hebra nueva donde corresponde.

Figura 9. Remetilación del ADN durante el proceso de copia del material genético. En negro se muestran las hebras antiguas y en gris, las nuevas. Las islas CG se muestran sombreadas en el esquema superior. Obsérvese que cuando en una cadena están presentes los nucleótidos CG, en virtud de su apareamiento específico en la otra figuran necesariamente los nucleótidos GC (que, leídos al revés, son también una isla CG). Con este proceso, las células hijas pueden heredar el patrón de metilaciones de su progenitora.

El gen *IGF2* se metila durante la formación de los óvulos, lo que implica que en los embriones y en los fetos solo funciona la copia paterna, la que no está metilada. La falta de metilación materna en este gen, que se puede conseguir experimentalmente en ratones, hace que se fabrique demasiada proteína IGF2, puesto que entonces están activos tanto la copia materna como la paterna. Este exceso de proteína produce diversos síndromes, entre los cuales destacan algunos procesos cancerosos.

La situación real es algo más compleja de lo que acabo de contar, porque al lado de este gen hay otro denominado *H19* con quien comparte algunas de estas modificaciones epigenéticas. Concretamente, el gen H19, a diferencia de *IGF2*, recibe la impronta genética paterna, y es la combinación de estas improntas en el embrión y el feto lo que regula el crecimiento de estos órganos. Como una buena película clásica en blanco y negro, los matices se encuentran en toda la gama de grises que se generan.

El sonido llega al séptimo arte

Las metilaciones del ADN, como decía, vienen a ser como una película en blanco y negro. Inicialmente, el cine era mudo, aunque siempre que era posible había un músico, generalmente un pianista, acompañando el filme. La primera proyección comercial de una película con sonido completamente sincronizado se realizó en 1927. Vamos también nosotros a poner sonido a estas modificaciones epigenéticas.

Las explicaciones del apartado anterior nos abren cuatro nuevas preguntas: ¿qué sucede cuando las islas CG están metiladas y por qué bloquean la expresión del gen adyacente a ellas?, ¿cómo sabe una célula que debe metilar las islas CG de unos genes y no de otros?, ¿por qué es importante mantener algunos genes silenciados?, ¿y qué consecuencias tiene si se producen errores? Vamos a analizarlas de una en una.

Primero, ¿qué sucede cuando las islas CG están metiladas y por qué bloquean la expresión del gen adyacente a ellas? Como vimos en el capítulo 2, para que un gen se exprese, es decir, para que dirija la síntesis de un ARN, precisa que una maquinaria molecular específica se una al promotor (figura 10). Pues bien, la presencia de grupos metilo actúa como una baliza y hace que una proteína específica, denominada **MeCP2** (del inglés *methyl - CG - binding protein 2*, o proteína de unión a metilos número 2), se una a ellos como una lapa. Esta proteína atrae a otras, las cuales terminan generando una especie de tapón que evita físicamente que la maquinaria molecular que debe iniciar la expresión de ese gen encuentre el sitio donde hacerlo. En definitiva, bloquea el gen. Vendría a ser como poner una señal de «dirección prohibida» en una calle.

La función de la proteína MeCP2 se pone claramente de manifiesto en una enfermedad conocida como **síndrome de Rett**. Se caracteriza por retrasos en la adquisición del lenguaje y en la coordinación motora y afecta a un niño de cada

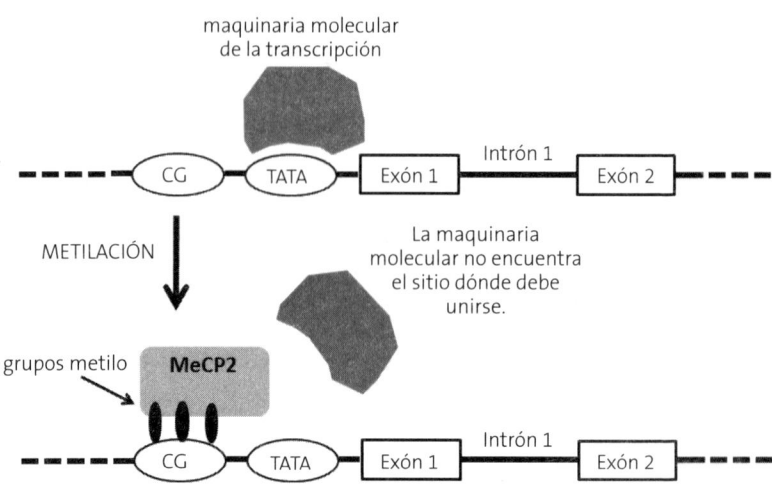

Figura 10. Mecanismo mediante el cual la metilación de islas CG bloquea la expresión del gen adyacente a ellas.

diez mil. Hace tiempo se confundía con el autismo –tema con el que he abierto este capítulo–, puesto que se empieza a manifestar a la misma edad, sobre los dos años aproximadamente, que es cuando los niños empiezan a socializar, e inicialmente también afecta al lenguaje. Pero a diferencia del autismo, que es mucho más frecuente en niños, el síndrome de Rett afecta principalmente a niñas. Su origen se encuentra en una mutación en el gen *MeCP2*, que es el encargado de reconocer las metilaciones epigenéticas. Aunque las células de las personas afectadas realizan las metilaciones en las islas CG de forma absolutamente correcta, su maquinaria celular es incapaz de reconocerlas. Es como si no existiesen, aunque curiosamente no afecta a todas las células del cuerpo por igual.

Conociendo el origen de una enfermedad, se puede buscar algún remedio. Esto es lo que ha hecho un grupo de investigación de la Universidad de Edimburgo. Han generado un ratón transgénico con la misma mutación en el gen *MeCP2* que causa el síndrome de Rett en las personas. Estos ratones desarrollan diversas anomalías morfológicas que alteran su comportamiento. Normalmente, cuando se pone un ratón en una jaula nueva, casi inmediatamente empieza a explorar el entorno, olisqueando todo lo que encuentra. Estos ratones mutantes, en cambio, se quedan quietos en medio de la jaula, un comportamiento parecido al autismo, y realizan muchas menos vocalizaciones. Entonces les suministraron una copia normal del gen mediante técnicas de ingeniería genética. Cuando este gen se activa, cambian su comportamiento y empiezan a explorar el entorno, casi como harían los ratones normales. Aunque su posible aplicación en seres humanos todavía es lejana, lo cierto es que el conocimiento científico nos trae muchas ideas nuevas sobre cómo mejorar la calidad de vida de las personas afectadas por esta y por otras muchas enfermedades, también de origen epigenético. Hablaremos más de ello en el último capítulo.

Regresemos a las metilaciones epigenéticas. Las metilaciones del ADN son extremadamente estables. Normalmente, una vez que se establecen se mantienen durante toda la vida de esa célula. Y puesto que se van heredando de células progenitoras a células hijas, se puede decir que, en la mayor parte de los casos, una vez que se han establecido se mantienen durante toda la vida de esa persona. Sin embargo, en ocasiones pueden desmetilarse. Es decir, se pueden eliminar los grupos metilo de una isla CG, lo que desbloquea la expresión del gen adyacente y permite que pueda volver a funcionar. Pero normalmente solo sucede en dos ocasiones: cuando se fabrican las células sexuales reproductoras, los gametos –los óvulos y los espermatozoides–, momento en que se pone a cero el contador de modificaciones epigenéticas –lo que incluye la formación de la impronta genética de que ya he hablado– para que el nuevo organismo pueda establecer las suyas propias (hablaré de ello en los próximos capítulos), y experimentalmente en el laboratorio, cuando se reprograman células que se mantienen *in vitro*.

Vamos ahora a por la segunda pregunta que planteaba al inicio de este apartado: ¿cómo sabe una célula que debe metilar las islas CG de unos genes y no las de otros? Muy sencillo (sencillo de explicar, que es lo que haré, aunque ciertamente complejo a nivel molecular). Como expliqué en el capítulo 2, para que un gen se exprese necesita la unión de factores de transcripción en las secuencias intensificadoras, las que regulan dónde y cuándo se debe expresar un gen (véase la figura 6). Del mismo modo que hay factores de transcripción que activan los genes, también existen silenciadores a los que se unen factores de represión, que hacen todo lo contrario. Cuando un gen lleva tiempo con factores de represión unidos, estos interaccionan con las proteínas histonas que hay cerca y estas a su vez llaman a una enzima que ya conocen: la DNMT3L. Entonces, DNMT3L dirige a otras enzimas metilasas que también conocen, la DNMT3A y la DNMT3B, y estas metilan las islas CG que hay delante de ese gen, bloqueándolo para siempre. No es el único mecanismo. Se han descrito otros, como, por ejemplo, la intervención de determinadas moléculas de ARN, denominadas genéricamente **microARN** por ser de muy pequeño tamaño, cuya función es también regular y evitar la expresión de los genes. Como en el caso anterior, cuando estas moléculas llevan tiempo actuando sobre un gen, la maquinaria de metilación se pone en marcha.

Esto nos lleva a la tercera pregunta: ¿por qué es importante mantener algunos genes silenciados? Primero, para ahorrar energía y, segundo, para evitar errores en su expresión. Imaginen un cruce de calles en el que los vehículos tienen prohibido girar a la derecha. Para evitarlo tenemos dos posibilidades: poner a un policía que lo vaya indicando constantemente o bien una señal de tráfico que indique esta prohibición. ¿Qué resultaría más económico? Sin duda, la señal de tráfico. Pues con las metilaciones epigenéticas sucede exactamente igual. Cuando un gen no debe expresarse nunca jamás, en lugar de ir fabricando factores de transcripción que lo vayan reprimiendo constantemente, lo que resultaría energéticamente muy costoso para la célula, se metilan sus islas CG y queda ya bloqueado para siempre jamás.

Un ejemplo muy conocido es el de las células que forman el sistema sanguíneo, que incluyen, entre otras, las del sistema inmunitario. Es un sistema celular muy complejo, con muchos tipos celulares diferentes (figura 11), cada uno de los cuales ejerce una función específica. Los linfocitos, por ejemplo, detectan las células extrañas y las eliminan para evitar infecciones, los eritrocitos transportan oxígeno por la sangre, etcétera. Curiosamente, todas estas células, tan variadas en morfología y función, proceden de un mismo tipo celular que se encuentra en la médula ósea, conocido como **célula madre sanguínea** (o **hematopoyética**). Estas células madre –o **progenitoras**, como también se las llama– se van reproduciendo para generar otras iguales a ellas, y cuando es necesario fabricar linfocitos, eritrocitos o lo que sea dentro de su sistema, simplemente algunas empiezan a diferenciarse, a cambiar para convertirse en lo que sea menester. Este cambio se produce activando y desactivando genes concretos, para que al final solo funcionen los genes que necesita para realizar su función con eficiencia.

Como he explicado en capítulos anteriores, esto se consigue regulando la expresión de los genes (en ningún caso eliminando los genes que «sobran»). Pues bien, en cada uno de estos pasos, los genes que se deben inactivar se metilan. De esta forma, con estas metilaciones epigenéticas, los genes que ya no van a ser nunca más necesarios quedan bloqueados para siempre. No solo se ahorra energía, sino que también se evita que alguna célula decida dar «marcha atrás» y vuelva a desdiferenciarse para reconvertirse en célula madre.

Finalmente, ¿qué consecuencias tiene si se producen errores? Malas, a veces muy malas. Uno de los casos más conocidos está relacionado con el cáncer, que es una enfermedad de origen genético y epigenético. De hecho, bajo este nombre

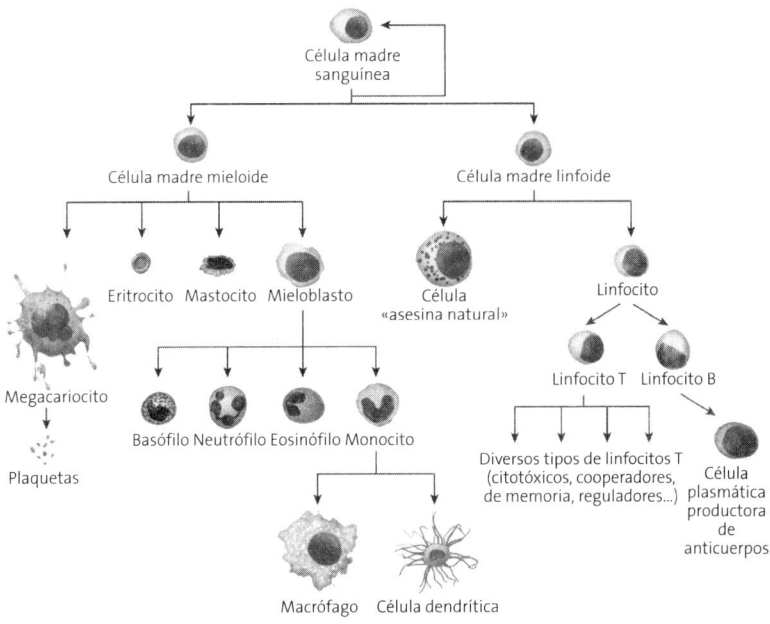

Figura 11. Formación de las células sanguíneas a partir de un único tipo celular: las células madres sanguíneas. En cada paso de esta formación se producen metilaciones epigenéticas que bloquean genes concretos. Imagen modificada de: https://commons.wikimedia.org/wiki/File%3A0337_Hemato poiesis_new.jpg.

se incluyen un conjunto de enfermedades relacionadas, debidas todas ellas a una proliferación descontrolada de algunas células del cuerpo. Nuestro cuerpo, como he comentado al hablar de las células de la sangre, va perdiendo células constantemente, por lo que necesita ir reponiéndolas. Cuando una célula envejece y deja de realizar su función correctamente, se elimina y se reemplaza por una célula nueva, lo que permite mantener las funciones vitales en buen estado.

Normalmente, cada tejido de nuestro cuerpo tiene un grupo específico de células que se están reproduciendo, como es el caso de las células madre sanguíneas presentes en la médula ósea, y cuando es necesario se diferencian y se convierten en una célula adulta que va a realizar una función concreta. Cuando una célula se diferencia pierde la capacidad de reproducirse. Y este es el punto clave.

Esta reproducción celular, que es crucial para mantener nuestro cuerpo en buen estado de funcionamiento, está muy controlada para evitar que se fabriquen más células de las necesarias. De este control se encargan dos tipos de genes. Unos inducen las células a reproducirse –se denominan genéricamente **oncogenes**– y otros evitan que lo hagan –se denominan **genes supresores de tumores**–. De esta forma se produce un equilibrio dinámico que mantiene todas las células a raya. Hay muchos genes diferentes implicados en este proceso, unos cien identificados, cada uno con una función determinada. Pues bien, cuando una célula empieza a diferenciarse, para evitar dar marcha atrás, metila todos los genes implicados en su capacidad para proliferar. De esta forma no puede dividirse nunca jamás.

¿Qué tiene esto que ver con el cáncer? Se ha visto que muchos cánceres son debidos a que, de forma errónea, alguno o algunos de los genes que deben permanecer metilados para bloquear la reproducción celular –los oncogenes– se desmetilan, lo que hace que la célula empiece a proliferar de forma descontrolada. Esta proliferación puede desembocar en un tumor y en un proceso canceroso.

De forma análoga, también se puede dar el caso inverso: que un gen que debe evitar que una célula se reproduzca –los denominados **genes supresores de tumores**–, que ha de estar activo, se metile por error y deje de funcionar. En este caso, la célula afectada también puede empezar a reproducirse de forma descontrolada, lo que nuevamente puede desembocar en un tumor y en un proceso canceroso.

Como decía, hay muchos genes implicados en estos procesos que pueden fallar debido a metilaciones o desmetilaciones erróneas. Además, normalmente, cuando se produce un fallo en uno de estos genes, se da un efecto en cascada que va afectando a los demás, hasta la metástasis. Por eso es tan importante detectar los procesos cancerosos a tiempo, antes de que se descontrolen demasiado. En este sentido, se están empezando a ensayar terapias epigenéticas para controlar el cáncer, pero de ellas hablaré en el último capítulo, sobre el futuro de la epigenética.

Las películas en color y el cine 3D

Probablemente haya quien prefiera el cine en blanco y negro, los grandes clásicos del séptimo arte, pero qué duda hay de las enormes posibilidades que ofrecen las películas en color cuando el director de fotografía lo gestiona de forma adecuada. De modo análogo, a pesar de las grandes posibilidades que ofrecen las metilaciones epigenéticas del ADN para regular la expresión de los genes, hay un segundo tipo de modificaciones cuya riqueza funcional es exponencialmente superior: las que acaecen en las proteínas histonas que sirven de soporte al material genético. Hablé de ellas en el capítulo 1 (véase también la figura 1). De forma muy resumida, les expliqué que las histonas contribuyen al empaquetamiento del ADN y que hay cinco tipos diferentes, denominados **H1, H2A, H2B, H3 y H4**. También les dije que la disposición de estas proteínas a lo largo de la doble cadena de ADN es importante. Básicamente, las zonas donde el ADN está muy empaquetado contienen genes que en ese momento no se están expresando, que no son funcionales. En cambio, las zonas poco empaquetadas contienen genes funcionales en ese momento y en esa célula. Puesto que las histonas son las proteínas que se encargan de empaquetar el ADN, resulta obvio que están implicadas en la regulación génica.

No todas las histonas realizan la misma función. Las histonas H2A, H2B, H3 y H4 se encuentran siempre unidas entre ellas, dos de cada tipo, formando una especie de cilindro que se denomina **octámero de histonas** (puesto que está formado por ocho histonas; figura 12). Es en este octámero donde se producen las modificaciones epigenéticas en las histonas. El ADN se enrolla alrededor de este octámero y se mantiene en íntimo contacto con él. Por este motivo las modificaciones epigenéticas de las histonas influencian la manera en que se regulan los genes que se encuentran rodeándolas. El grupo formado por un octámero de histonas y el ADN que se encuentra a su alrededor se denomina nucleosoma. Entre un octámero de histonas y el siguiente hay siempre un trecho de ADN. Pues bien, la otra histona que queda, la H1, se encuentra asociada al ADN de estos trechos de unión y su función es compactar todavía más la estructura formando bucles entre los octámeros. Puede parecer una estructura muy compleja, pero resulta muy efectiva, puesto que permite dar estabilidad al material genético, compactarlo y al mismo tiempo contribuir a regular su funcionamiento. Tres en uno.

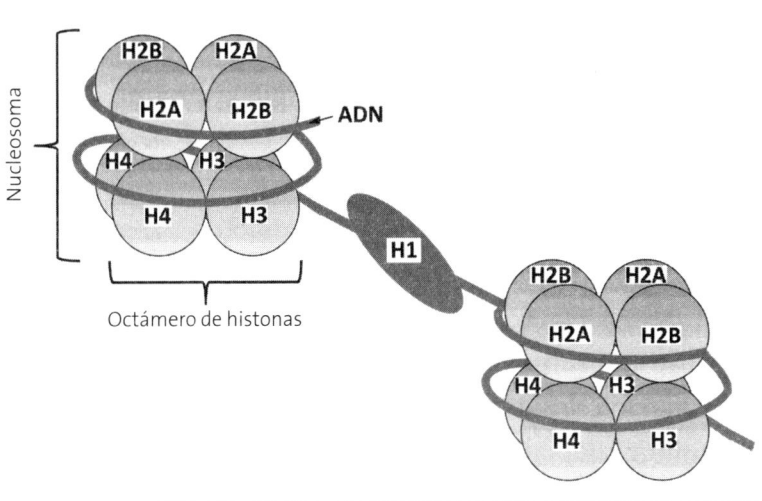

Figura 12. Estructura del material genético, con el ADN y las proteínas histonas. Se muestra la disposición de las diversas histonas.

Las zonas del ADN que están muy metiladas, lo que, como ya sabemos, implica que sus genes están desactivados, presentan una estructura muy compacta, muy condensada, con el ADN muy empaquetado. En estas zonas, las modificaciones epigenéticas de las histonas no son importantes. Donde realmente cuentan es en las zonas donde el ADN está relajado, donde sus genes son activos. Las modificaciones epigenéticas en las histonas son todo un recital de matices, por su gran diversidad estructural y funcional. Para empezar, se pueden producir diversos tipos de modificaciones. Es decir, a las histonas se pueden unir diversas moléculas, no solo grupos metilo como sucedía en el ADN. Por eso he comparado las metilaciones del ADN con un filme en blanco y negro y las de las histonas las comparo con una película en tecnicolor.

Las modificaciones epigenéticas que se producen en las histonas pueden ser fosforilaciones (unión de un grupo fosfato), metilaciones (que ya conocemos del ADN y que consisten en la adición de un grupo metilo), acetilaciones (adición de un grupo químico denominado acetilo), ubiquitinaciones (adición de un grupo químico denominado **ubiquitina**), sumoilaciones (adición de un grupo químico denominado **sumoilina**), biotinilaciones (adición de un grupo químico denominado **biotina**) y poli-ADP ribosilaciones (adición de un grupo químico denominado **poli-ADP ribosina**). Tan complejo como un arcoíris comparado con un punto de tinta negra.

Los grupos fosfato están formados por un átomo de fósforo (P) unido a cuatro átomos de oxígeno (O) y a uno de hidrógeno —su fórmula química es PO_4H—; los grupos metilo ya los conocemos —recuerden que su fórmula química es CH_3—, y los grupos acetilo están formados por un átomo de carbono (C), tres átomos de hidrógeno (H) y un átomo de oxígeno (O) –su fórmula química es CH_3O–. El resto de los grupos químicos implicados en las modificaciones epigenéticas de las histonas –los grupos ubiquitina, sumoilina, biotina y poli-ADP ribosina– son mucho más complejos estructuralmente, con muchos más átomos implicados.

Además, estas modificaciones pueden establecerse en distintos sitios de las distintas histonas y, no se lo pierdan, según qué posición ocupen en las proteínas histonas, su función en la regulación de la expresión de los genes va a ser una u otra. ¡No solo es una película a todo color, sino que, además, también es en 3D! (Es, por supuesto, una analogía, para indicar su gran complejidad funcional y la enorme cantidad de matices que pueden introducir en la regulación de los genes del ADN.)

Las más habituales, sin embargo, son las acetilaciones cuya función es la opuesta a la de las metilaciones en el ADN. Las metilaciones en el ADN servían para bloquear la expresión génica, mientras que las acetilaciones de las histonas mantienen la expresión génica de los genes que se encuentran cerca de ellas siempre activa. Este capítulo está resultando algo más duro que los anteriores, lo reconozco, pero pronto termino. Los próximos capítulos no incluirán más fórmulas químicas ni moléculas, se lo garantizo.

¿Por qué es importante mantener algunos genes siempre activados? Pues por el mismo motivo que las metilaciones del ADN los silenciaban, para ahorrar energía. Cuando un gen se mantiene activo gracias a las acetilaciones en las histonas, ya no precisa de la unión de factores de transcripción, que son energéticamente mucho más costosos de fabricar.

Así, cuando una célula necesita tener un gen activo mucho tiempo, acetila las histonas cercanas y listo, garantiza su función a un coste mucho más bajo.

Pero, como he dicho, la situación es más compleja, puesto que el resto de las modificaciones epigenéticas en las histonas se dedican a regular la intensidad con la que funcionan los genes. No es cuestión de todo o nada, de blanco o negro. Se han identificado más de cincuenta posibilidades diferentes, que dan toda la gama de *colores* de regulación imaginables. Al final, la regulación de cada gen depende de la combinación de multitud de modificaciones epigenéticas y de los propios factores de transcripción. Es un auténtico código, sin el cual la vida compleja no sería posible. Son imprescindibles para una función armónica y ordenada de nuestros genes. En ambientes científicos llevamos tiempo hablando del código genético; ha llegado la hora de que nos fijemos también en el código epigenético.

¿Cómo se establecen todas estas modificaciones en las histonas? Cada una de ellas requiere su propia maquinaria enzimática, que, como en el caso de las metilaciones en el ADN, detecta qué genes deben estar activos y cuál debe ser su nivel de actividad, y entonces añade las moléculas epigenéticas necesarias para regularlo. Buena parte de estas decisiones se establecen en función de la interacción de los programas génicos con el ambiente, como una manera útil y práctica de adaptar el funcionamiento del genoma a cada situación concreta. A ello dedicaré la tercera parte del libro, así que no me extiendo más aquí. En los próximos capítulos veremos de qué manera la alimentación, los hábitos, el deporte, los sucesos azarosos con que la vida nos sorprende e incluso hasta cierto punto nuestros propios pensamientos contribuyen a modelar nuestro epigenoma.

Antes de terminar es necesario hacer otro apunte importante. Comenté en los apartados anteriores que las metilaciones del ADN son muy estables. Una vez que se fijan, difícilmente se eliminan. En cambio, las modificaciones epigenéticas en las histonas son más dinámicas y hasta cierto punto se pueden ir rehaciendo. Por este motivo los gemelos idénticos no son jamás exactamente iguales. Se pueden parecer mucho, muchísimo, pero siempre presentan algunas diferencias físicas y de carácter. Simplemente, las modificaciones epigenéticas de su genoma no son exactamente iguales, y eso hace que, a pesar de que su genoma sea idéntico, la actividad de sus genes no sea exactamente la misma.

Las modificaciones epigenéticas, como he dicho, son imprescindibles para una función armónica y ordenada de nuestros genes, adaptada al entorno donde vivimos. O, dicho de otro modo, sirven para adaptar el funcionamiento del genoma, mucho más estático, a los posibles cambios ambientales, de manera más dinámica y fluida. Sin embargo, también se ha visto que determinados factores ambientales contribuyen a provocar errores en las modificaciones epigenéticas, los cuales, a su vez, pueden desembocar en multitud de patologías, tanto fisiológicas como mentales. En los próximos capítulos veremos algunos casos. Pero, para ir haciendo boca, aquí viene el primero, el más estudiado: la relación de la epigenética con el cáncer.

El estudio del epigenoma de multitud de células cancerosas ha demostrado que en la mayoría de los casos, sino en todos, se producen alteraciones en el epigenoma. La lista de los elementos potencialmente cancerosos es muy amplia. En la mayor parte de los casos, una exposición temporal o en bajas dosis no incrementa el riesgo de desarrollar cáncer, puesto que sus efectos suelen ser acumulativos. El primer agente químico que se relacionó directamente con alteraciones epigenéticas vinculadas al cáncer fue el arsénico. A altas dosis es mortal de forma casi inmediata (los romanos denominaban al arsénico de manera eufemística «polvo de la sucesión»), pero a bajas dosis altera el patrón de metilación de algunos genes, entre los cuales destacan los llamados **genes supresores de tumores** –como los denominados *p53*, *Ras* y *DAPK*–, cuya función es evitar que las células proliferen de manera descontrolada. Cabe decir que el arsénico es un elemento absolutamente natural y que se puede encontrar en aguas que no han sido convenientemente analizadas para garantizar la ausencia de productos tóxicos.

Otra sustancia que se sabe que puede provocar errores en las modificaciones epigenéticas y que, por consiguiente puede inducir cáncer es el llamado **1,3-butadieno**, que se usa de forma habitual en la producción de plástico, goma sintética y resinas diversas. Ello no implica que estos productos, una vez manufacturados, puedan inducir cáncer, sino que las industrias que lo producen deben evitar a toda costa que se escapen productos residuales. También algunos productos usados en cosmética, e incluso algunos fármacos utilizados o consumidos de forma abusiva, pueden provocar alteraciones epigenéticas.

Sea como fuere, las modificaciones epigenéticas son cruciales para nuestra salud, y cuando se producen errores pueden conducir a algunas enfermedades. Como ya he dicho, volveré a tratar este tema en los próximos capítulos, donde citaré otros muchos ejemplos.

Más sorpresas todavía |

«La epigenética es lo que explica cómo actúan los estilos de vida sobre los genes.»

MANEL ESTELLER (1968).
Médico e investigador catalán, experto de prestigio mundial por sus investigaciones sobre epigenética y cáncer

«Cada persona está moldeada por una interacción de su entorno, sobre todo de su entorno cultural, con los genes que afectan a su comportamiento social.»

EDWARD O. WILSON (1929).
Entomólogo y biólogo estadounidense, considerado uno de los cien científicos más influyentes de la historia por sus trabajos en evolución y sociobiología

5.
La alimentación y los hábitos: quién dirige al director adjunto

Uno de los muchos episodios dramáticos de la Segunda Guerra Mundial se produjo en Holanda, durante el invierno de 1944 y 1945. Las tropas nazis se batían en retirada en toda Europa, pero por motivos estratégicos y simbólicos se aferraban a conservar el noroeste de Holanda. La presión aliada era insostenible, y la lucha en el frente, que se situaba cerca de la población de Arnhem, provocó un embargo total de alimentos a esa zona. Coincidió, además, con un invierno especialmente frío, que heló los canales que solían usarse para transportar mercancías. Además, el ejército alemán, durante su retirada, destruyó las principales vías de comunicación terrestre e inundó aposta la mayor parte de los campos de cultivo. Toda esta combinación de factores propició lo que se ha denominado la **gran hambruna holandesa**.

A finales de noviembre de 1944, la dieta de la mayor parte de los habitantes de las grandes ciudades holandesas, incluida Ámsterdam, se redujo a unas mil calorías diarias, muy por debajo de lo que sería óptimo: entre unas dos mil trescientas y unas mil novecientas calorías diarias en los adultos activos. A finales de febrero de 1945, la disponibilidad de alimento había disminuido hasta el punto de proporcionar solo quinientas ochenta calorías por día. Y eso gracias a que empezaron a consumir los bulbos de los tulipanes, que no forman parte de una dieta habitual. Los granjeros y los habitantes de otras zonas de Holanda no lo pasaron tan mal, puesto que disponían de sus propios productos, lo que les permitió subsistir algo mejor. Cuando las tropas aliadas liberaron completamente Holanda del horror nazi, en mayo de 1945, más de veintidós mil personas habían muerto de hambre.

Uno de los parámetros habituales para medir el impacto de una hambruna es a través del número de víctimas. Pero los efectos son mucho más variados a medio y a largo plazo. Por suerte, tras este episodio, el Gobierno holandés empezó a recopilar meticulosamente datos sobre la salud de todos los holandeses, tanto de los que habían sufrido la hambruna con toda su crudeza como de los que vivían en zonas donde esta había sido menos severa. No solo recopilaron datos de las personas directamente afectadas, sino también de los niños y niñas que nacieron poco tiempo después y que, por lo tanto, la habían sufrido indirectamente a través de sus madres gestantes. E incluso recogieron todos los datos de los que nacieron a partir de esa época, de padres que por aquel entonces eran solo niños y adolescentes. La hambruna que habían padecido durante ese invierno, ¿iba a afectar también de algún modo a sus descendientes concebidos, gestados y nacidos tiempo después?

Cuando se analizaron todos estos datos durante los años setenta, se observó que las personas que habían sufrido la hambruna indirectamente a través de sus madres durante su segundo mes de gestación manifestaban una incidencia de obesidad que duplicaba los niveles de los que habían nacido antes o después de esa época. De algún modo, la falta de alimento mientras sus madres los estaban gestando condicionó su metabolismo durante el resto de su vida. No solo eso, sino que el porcentaje de los holandeses que nacieron poco después de la hambruna y que manifestaban trastornos psiquiátricos como esquizofrenia y depresión era significativamente más alto que en el resto de la población. A medida que pasaba el tiempo, cuando estas personas alcanzaron los cincuenta años de edad, alrededor de 1995, también se hizo evidente que eran mucho más propensas a padecer otras patologías, como hipertensión, enfermedades coronarias y diabetes de tipo 2. ¿A qué se deben estos efectos, muchos de los cuales diferidos en el tiempo, puesto que empezaron a manifestarse muchas décadas después? Como se deben estar imaginando, la respuesta es la epigenética.

Vamos a hablar, pues, de qué manera la alimentación y los hábitos de vida condicionan la manera como funcionan los genes a través de modificaciones epigenéticas específicas, y de cuál es su significado adaptativo. Vamos a ver quién dirige al director adjunto. Recuerden la comparación a la que me voy refiriendo periódicamente: el ADN es la orquesta, el director serían los elementos reguladores del propio ADN, el papel de director adjunto le correspondería a las modificaciones epigenéticas, y ahora vamos a ver quién dirige a estas modificaciones epigenéticas –quién dirige al director adjunto.

Una advertencia, sin embargo, antes de continuar. Como ya les advertí en capítulos precedentes, la «moda epigenética» ha llevado a algunas personas a hacer propuestas sobre alimentaciones alternativas que se supone que «favorecen» el epigenoma. Mucho de lo que hay sobre el tema no se sustenta en evidencias científicas, así que no esperen recetas de cocina para mejorar su epigenoma. Lo que voy a hacer en este capítulo y en los dos siguientes es hablar de algunos de los muchos artículos científicos que permiten relacionar algunos aspectos concretos de la alimentación, como el consumo excesivo de grasas o la malnutrición debida a trastornos alimentarios como la anorexia, con la gestión epigenética de la función de determinados genes, y de otros muchos aspectos vitales como el consumo de drogas, la práctica deportiva, el estrés y la meditación, entre otros.

No olviden, sin embargo, que es todavía una ciencia muy joven, por lo que todo lo que les voy a explicar proviene de estudios recientes. Esto implica que todavía son necesariamente parciales y que, con el tiempo, a medida que se vayan acumulando nuevos datos, sin duda se irán perfilando mejor y se completarán. E incluso, como es propio del método científico, se reformularán si se demuestra que en algún aspecto no eran del todo correctos.

Comer

A pesar de que todas las personas compartimos el mismo genoma, los mismos veinte mil trescientos genes que nos hacen humanos, nadie tiene exactamente la misma secuencia de ADN a todo lo largo de sus cromosomas –a excepción hecha de los gemelos idénticos–. Se calcula que, de media, entre una persona y otra cualquiera hay más de tres millones de variaciones en el ADN. Puede parecer mucho, pero solo representa el 0,1 % de los nucleótidos que conforman el genoma humano. Comparados con la mayor parte de las otras especies de animales, la diversidad genética de nuestra especie es muy baja. Si solo hubiese unos pocos millares de personas en todo el mundo, esta diversidad tan baja nos conduciría fácilmente a la extinción. Por suerte, no es así. Volvamos a las diferencias existentes entre genomas humanos. Muchas de ellas no afectan a ningún proceso, pero otras tienen influencia en la manera como nuestro cuerpo y nuestro metabolismo responden al medioambiente. A finales del siglo XX nació una nueva disciplina científica: la nutrigenómica, que combina los conocimientos genéticos con el metabolismo y la nutrición.

Por poner un ejemplo muy conocido: hay personas que son intolerantes a la lactosa. Esto significa que su sistema digestivo no puede digerirla. La lactosa es un tipo de azúcar que se encuentra en la leche, y para digerirlo hace falta una enzima específica, denominada **lactasa**. Todos los niños pequeños producen lactasa, puesto que durante un tiempo la única fuente de alimento de que disponen es la leche materna –o leche maternizada–. Sin embargo, al crecer hay personas que pierden esta capacidad, mientras que otras la conservan toda la vida. La única diferencia entre unas y otras es una mutación en la zona que regula la expresión del gen de la lactasa. Las personas que sí pueden digerir la lactosa durante toda la vida contienen una mutación que hace que este gen funcione para siempre, mientras que, en las personas intolerantes, el gen se desactiva automáticamente en general tras superar el período de lactancia. La lactosa no es, en ningún caso, tóxica, como a veces he oído decir. Simplemente, debido a un cambio genético azaroso, hay personas que pueden digerirla durante toda la vida, mientras que otras solo pueden hacerlo durante su infancia.

Esta misma diferencia genética puede aplicarse a cualquier otro gen implicado en el metabolismo. Por ejemplo, se sabe que nuestras células tienen un receptor encargado de incorporar la vitamina D, que es necesaria para muchos procesos fisiológicos. El gen responsable, denominado *VDR* (del inglés *vitamin D receptor*), puede presentar diversas variantes génicas, cada una de las cuales permite incorporar vitamina D con una eficiencia diferente. Por eso hay personas que aprovechan muy bien la vitamina D que ingieren y con pocas cantidades tienen más que suficiente, mientras que otras necesitan consumir mucha más, e incluso tomar suplementos vitamínicos, por el hecho de tener unos receptores menos eficientes.

Puesto que las modificaciones epigenéticas condicionan la manera como funcionan los genes, no es de extrañar que el epigenoma también condicione nuestro metabolismo a través de los genes correspondientes, haciendo que sean más eficientes en algunos aspectos que en otros. Aproximadamente el 7,5 % de los genes de nuestro genoma están implicados en el metabolismo. Lo que no parece tan lógico es que sea la misma comida, los nutrientes que ingerimos, la que contribuya a establecer el epigenoma que debe regular su propio metabolismo. Pero así es exactamente como sucede. Y el motivo es sencillo. La nutrición es uno de los aspectos más importantes para la supervivencia de los individuos, por lo que adaptar el funcionamiento de los genes a la alimentación que uno encuentra sin duda contribuye a aprovechar mejor sus nutrientes. Como he dicho en diversas ocasiones en capítulos precedentes, las modificaciones epigenéticas se establecen para adaptarnos mejor a nuestro entorno, y ello incluye los aspectos nutricionales. Lo que sucede, sin embargo, es que muchos de nuestros genes realizan diversas funciones en diversos momentos o en distintas células (hablé de ello en el capítulo 2), por lo que las modificaciones epigenéticas que pueden ser beneficiosas para unas funciones concretas no tienen por qué serlo para otras. Y esto sucede muy a menudo, especialmente cuando hay desequilibrios nutricionales.

Dicho de otro modo, el epigenoma condiciona nuestro metabolismo nutricional, y los nutrientes que ingerimos condicionan a su vez el epigenoma, lo que establece un círculo que se autoajusta y se autorregula y que afecta de forma diferente a los distintos procesos de nuestro cuerpo. Aunque se desconoce la relación exacta y precisa de la mayor parte de los nutrientes con aspectos específicos del epigenoma, los datos se van acumulando incesantemente en la literatura científica. La primera prueba de la importancia que tiene la dieta en el establecimiento de las modificaciones epigenéticas se obtuvo en 1984. Tres investigadores del Instituto Nacional del Cáncer de los Estados Unidos estaban analizando los efectos de diversas dietas sobre la probabilidad de desarrollar cáncer. Dadas las dificultades de trabajar con personas, especialmente por cuestiones éticas, utilizaban ratas. Con las ratas compartimos el 95 % del genoma, en el que se incluye la mayor parte de los genes implicados en el metabolismo. En uno de sus trabajos observaron que cuando alimentaban a las ratas con una dieta pobre en nutrientes que contenían grupos metilo y acetilo, se incrementaba el riesgo de que sufriesen diversas patologías, entre las cuales destacaba el cáncer de hígado. El motivo, como comprobaron, es que no se realizaban todas las modificaciones epigenéticas que deben controlar la proliferación celular. Y este relativo descontrol en la proliferación celular puede conducir a la formación de un tumor. La lógica que se esconde detrás de estos resultados es aplastante: si dos de las principales modificaciones epigenéticas son la metilación del ADN y la acetilación de las histonas, es necesario ingerir cantidades adecuadas de nutrientes con grupos metilo y acetilo para que las células puedan realizarlas. En caso contrario, les faltará la «materia prima».

También se ha visto que una ingesta insuficiente de proteínas disminuye la metilación en diversos genes, lo que altera su funcionalidad. Entre ellos se incluye el gen del receptor de glucocorticoides, una de cuyas funciones es controlar el metabolismo de los hidratos de carbono (los azúcares), los ácidos grasos (las grasas) y las proteínas. También actúa como antiinflamatorio y contribuye a gestionar el estrés. Todo un repertorio de actividades que pueden verse alteradas, en este caso, por un consumo insuficiente de proteínas, que conlleva alteraciones en el patrón de metilación de algunos genes. Lo que cuesta más de entender es por qué la falta de proteínas afecta a las metilaciones de este gen y no de otros. Todavía le queda mucho camino por recorrer a la epigenética.

Un caso mucho más extremo sería el de la anorexia. El déficit nutricional severo provocado por este trastorno alimentario, que afecta a todo tipo de nutrientes, altera el epigenoma de muchos genes. Se ha visto, por ejemplo, que el epigenoma influencia la sensación de hambre y de saciedad a través del gen *FTO*, implicado en la gestión de la grasa corporal y la obesidad en condiciones de sobrealimentación. También se sabe que la anorexia suele ir asociada a hipermetilaciones en los genes *SLC6A3* y *DRD2A*, implicados en el transporte y la recepción de algunos neurotransmisores como la dopamina. Los neurotransmisores son las sustancias que usan las neuronas para enviarse información entre ellas, y la dopamina está implicada en la gestión de los estados de ánimo, la motivación y el sentimiento de recompensa, entre otras funciones. Es decir, que las personas afectadas suelen tener más grupos metilo de lo que sería habitual en estos genes, lo que tiende a hacerlos menos activos. Sin embargo, todavía no están claras las relaciones de causa y de consecuencia. Pero de lo que no hay ninguna duda es de que la alimentación condiciona el epigenoma, y el epigenoma condiciona las conductas alimentarias.

Más casos todavía. Muchas plantas, como las denominadas **crucíferas**, entre las que se incluyen la col y el brócoli, forman parte de nuestra dieta. Estas plantas, junto con otras, contienen una molécula denominada **isotiocianato** que, una vez ingerida con la alimentación, contribuye a establecer acetilaciones en las histonas. Se ha visto, además, que estas acetilaciones favorecidas por el isotiocianato afectan a genes de los denominados **supresores de tumores** (hablé de ellos en el capítulo anterior), los cuales ayudan a regular la proliferación celular. Recuérdese que una proliferación celular descontrolada puede generar tumores, por lo que el consumo de estos vegetales de la huerta disminuye la probabilidad de padecer cáncer.

También se ha visto que el arroz integral contiene una molécula, denominada **oryzanol gamma**, que favorece determinadas metilaciones epigenéticas en el gen del receptor D2 de la dopamina, un neurotransmisor, en una región muy concreta del cerebro denominada **núcleo estriado**, lo que se correlaciona con una menor propensión a padecer obesidad. Mucha atención, sin embargo: no es que comer col o brócoli sirva para evitar —y todavía menos para curar— el cáncer, ni que comer arroz integral prevenga la obesidad. Estos nutrientes contribuyen en cierta medida, junto con otros muchos factores, a disminuir la probabilidad de desarrollar determinados tipos de procesos tumorales u obesidad. Quiero poner énfasis, mucho énfasis, en este concepto. Hay personas que afirman que con una dieta determinada se puede curar el cáncer. Es absolutamente falso. Simplemente, una dieta equilibrada y variada contribuye a disminuir la probabilidad de padecer esta y otras muchas enfermedades a través de modificaciones epigenéticas, entre otros diversos factores. Eso es todo.

También se ha visto que las metilaciones en determinados genes responsables del sentido del gusto, como los denominados *T1R, T2R, PKD1L3* y *ENaC*, que están implicados en la detección de los sabores dulces, amargos, ácidos y salados respectivamente, favorecen en mayor o menor medida el consumo de azúcar, e indirectamente el índice de masa corporal (puesto que un consumo excesivo de azúcar favorece el sobrepeso y la obesidad). Y el consumo de ácidos grasos poliinsaturados, como los omega 3 y omega 6, favorece determinadas modificaciones epigenéticas en genes de actuación cerebral que contribuyen a potenciar la memoria, la cognición y los aprendizajes y ayudan a proteger el cerebro contra enfermedades como el alzhéimer y la esquizofrenia.

Los ejemplos puntuales abundan, entre los centenares de artículos sobre el tema, aunque todavía no se dispone de un mapa completo de cómo los nutrientes afectan al epigenoma y, en consecuencia, a nuestra salud. Y tardaremos en tenerlo, puesto que la cantidad de nutrientes, de genes y de interacciones posibles es enorme. Algunos de los trabajos más recientes a los que he accedido indican, por ejemplo, que el consumo de alimentos ricos en folatos y en grupos metilo en niños afectados de asma mejora su calidad de vida a través de determinadas modificaciones epigenéticas, y que determinadas modificaciones epigenéticas que afectan a genes típicos de las células del sistema inmunitario, especialmente los denominados **linfocitos T** (véase la figura 11), favorecen el desarrollo de alergias, incluidas las alimentarias. Los efectos del epigenoma parecen ser casi omnipresentes.

Decía en un párrafo anterior que una dieta equilibrada contribuye a disminuir la probabilidad de padecer un gran número de enfermedades. Pues bien, se ha analizado el efecto de la tan valorada y popularizada dieta mediterránea sobre el epigenoma. Se sabe desde hace tiempo que la llamada **dieta mediterránea**, rica en frutas, verduras y legumbres, que usa aceite de oliva y no abusa de la carne ni de los azúcares, disminuye el riesgo de padecer diversas enfermedades, como las cardiovasculares, la diabetes y diversos tipos de cáncer, y que favorece la longevidad. Pues bien, se ha visto que esta combinación de alimentos favorece modificaciones epigenéticas en genes relacionados con la respuesta inflamatoria y el funcionamiento del sistema inmunitario (como, por ejemplo, los denominados *EEF2, COL18A1, IL4I1, LEPR, PLAGL1, IFRD1, MAPKAPK2 y PPARGC1B*, por citar algunos de los muchos nombres complejos que los genetistas damos a los genes que descubrimos), lo que por sí mismo justifica buena parte de sus efectos beneficiosos. También contribuye a regular epigenéticamente genes relacionados con el metabolismo, como, por ejemplo, de gestión de azúcares y grasas, lo que disminuye las probabilidades de padecer diabetes, enfermedades cardiovasculares y obesidad.

A pesar de todo lo dicho, lo cierto es que las modificaciones epigenéticas se establecen con mucha más intensidad y extensión durante la niñez. Lo que a todas luces obedece a la lógica de estos procesos, puesto que es la etapa en que el metabolismo debe acostumbrarse a su entorno para poder ser efectivo el resto de la vida. Pues bien, se ha visto que un consumo excesivo de determinados nutrientes durante la niñez, como las denominadas **grasas trans**, presentes en cantidades anormalmente altas en algunos productos como la bollería industrial, favorece determinadas modificaciones epigenéticas que se correlacionan con una mayor probabilidad de desarrollar obesidad y diabetes durante la edad adulta. Principalmente afectan a genes relacionados con el apetito, la gestión de las grasas corporales y la producción de insulina. Fíjense que, en el fondo, nada de esto es completamente nuevo. Hace ya tiempo que se advierte de los beneficios de una dieta variada y equilibrada como la mediterránea –no es la única que cumple estos requisitos, hay otras muchas, como la tradicional japonesa, basada en pescado, algas, verduras y arroz, por ejemplo–, pero todos estos trabajos nos aportan luz sobre los motivos que las convierten en saludables. Y uno de ellos –no el único– es, precisamente, a través de las modificaciones epigenéticas.

Pero ¡que nadie se obsesione con la alimentación! Repito lo que ya he dicho diversas veces en este apartado: si no hay ningún problema metabólico específico, lo único que realmente importa es mantener una dieta equilibrada y variada, sin excesos ni déficits. Esta es la mejor manera de favorecer un epigenoma que contribuya a nuestra salud y longevidad. Y, si alguien tiene algún tipo de trastorno metabólico, debe acudir a un especialista titulado para buscar consejo. No se fíen de dietas milagrosas ni de quien las promete, porque los milagros no existen.

Beber

No solo lo que comemos contribuye a formar y a alterar nuestro epigenoma. Cualquier sustancia que ingiramos también puede tener efectos sobre las modificaciones epigenéticas de nuestro genoma. Una de las sustancias más estudiadas, por los efectos que tienen sobre nuestro organismo, son las drogas. Una droga es cualquier sustancia o preparado que tenga efectos estimulantes, deprimentes, narcóticos o alucinógenos, e incluye tanto las medicamentosas, usadas en medicina para tratar múltiples enfermedades, como el dolor, la depresión, etcétera, como también las de uso «recreativo» (una palabra poco afortunada, a mi entender, atendiendo a las consecuencias negativas que tienen sobre la salud y, como veremos en breve, también sobre el epigenoma). Se incluyen el alcohol, el tabaco, la marihuana y la cocaína, entre otras. Muchas de ellas, de hecho, la inmensa mayoría, tienen, además, un alto poder de adicción, lo que genera un círculo vicioso del que muy a menudo es difícil zafarse. La adicción a estas sustancias se debe a que todas ellas interactúan con los llamados **centros de recompensa del cerebro**. No importa que nos hagan sentir físicamente mal –mareo, náuseas, irritabilidad, etcétera– o que disminuyan nuestras capacidades corporales, como el tiempo de reacción o la capacidad de raciocinio, ni que perjudiquen la capacidad pulmonar y otros muchos órganos internos. El simple hecho de que actúan sobre los centros de recompensa del cerebro hace que este órgano genere grandes dosis de neurohormonas asociadas con el placer, y este placer, este sentimiento de recompensa neuronal, es lo que lleva a los consumidores a querer seguir consumiendo, y dificulta enormemente abandonar las adicciones una vez se inician.

No voy a hablar aquí de los efectos perniciosos que tienen sobre la salud en general todas las drogas no medicamentosas (y también las medicamentosas consumidas en exceso o sin prescripción médica), sino sobre los efectos específicos que se sabe que tienen sobre el epigenoma. Como en los capítulos anteriores, la novedad de este tema de investigación hace que lo que les voy a contar sea solo la punta del iceberg y que sin duda haya muchos efectos más por descubrir, muchas relaciones que hasta ahora nos han pasado desapercibidas, lo que no quita que la literatura especializada sobre el tema empiece a ser ya extensa. Todo lo que les voy a comentar procede de artículos científicos publicados en revistas contrastadas. Empezaré con el alcohol, una sustancia que cuenta con una gran aceptación social en la mayoría de las culturas. En este caso, todos los trabajos se refieren a consumos elevados y crónicos, lo que no implica que consumos moderados y más restringidos en el tiempo no puedan tener efectos, aunque muy probablemente sean menores. En investigación científica, para poder sacar conclusiones estadísticamente válidas, muy a menudo se debe recurrir a examinar y comparar los extremos, lo que no quita que cualquier situación intermedia no produzca también efectos.

El alcohol es la sustancia estupefaciente más antigua que se produce de forma expresa. Los primeros restos arqueológicos de bebidas fermentadas tienen más de nueve mil años de antigüedad. Consisten en jarrones chinos datados el año 7000 antes de nuestra era que, según análisis químicos, habían contenido un brebaje fermentado elaborado a partir de arroz, miel y frutas. Hace casi cinco mil años, los babilonios ya consumían y adoraban la cerveza, y los griegos empezaron a producir vino aproximadamente en el 2000 antes de nuestra era. Para empezar, diré directamente que el alcohol interfiere con el metabolismo de los grupos metilo y acetilo, por lo que sin duda altera la confección del epigenoma, puesto que se sustenta en ellos.

Para generar los grupos metilo, imprescindibles para las metilaciones del ADN (y, en menor grado, también de las histonas), el cuerpo usa diversas enzimas, como las de la familia de los DNMT. Hablé de ellas en el capítulo 4, cuando expuse la naturaleza exacta de las modificaciones epigenéticas (véase la figura 8). Pues bien, a través de diversas reacciones químicas intermedias, el alcohol actúa inhibiendo la funcionalidad de estas enzimas, lo que implica una disminución general de la metilación normal de los genes. Se dice que el genoma queda hipometilado. Si tenemos en cuenta que una de las principales funciones de las metilaciones del ADN es bloquear genes que no deben ser usados, entre los que destacan genes de proliferación celular en células adultas diferenciadas para evitar la formación de tumores, no es de extrañar que el consumo excesivo de alcohol favorezca la aparición de determinados procesos cancerosos, como, por ejemplo, en el estómago y los intestinos, donde se encuentra más concentrado, o en el hígado, puesto que es el órgano que se encarga de la eliminación de sustancias tóxicas, como el alcohol una vez que ha llegado a la sangre.

Además de esta hipometilación general, también se ha visto que el consumo excesivo de alcohol afecta de manera específica algunos genes de actuación cerebral, como los denominados *GFAP* y *GRIN2B*. Este último, por ejemplo, está implicado en la fabricación de los receptores neuronales para el glutamato, que es una neurohormona implicada en la plasticidad sináptica –es decir, en la capacidad de las neuronas para hacer nuevas conexiones– y, por consiguiente, en el aprendizaje y la memoria. La desregulación de este gen en zonas del cerebro donde no debería estar activo puede explicar los efectos negativos del alcohol sobre la memoria y los aprendizajes y su efecto bloqueante sobre la capacidad del cerebro de formar conexiones neuronales nuevas cuando lo requiere. También se ha visto que altera el patrón de metilaciones de otros genes de actuación cerebral, como los denominados *c-cFos*, *Cdk5*, *FosB* y *BDNF*, que están implicados también en la plasticidad sináptica y en la supervivencia neuronal. Por este motivo el consumo crónico de alcohol disminuye la población de neuronas en algunas zonas del cerebro, como la corteza, que es donde se gestiona la toma de decisiones y la planificación. Por ello puede afectar de manera prácticamente irreversible a los sistemas cerebrales de control ejecutivo, que consisten en la capacidad de adecuar nuestro comportamiento actual en la consecución de una meta futura. También afecta a la plasticidad sináptica del hipocampo, que es el centro gestor de la memoria, lo que implica una disminución de esta capacidad cerebral.

El consumo excesivo o crónico de alcohol no solo interfiere con genes de actuación cerebral implicados en estas facultades cognitivas, sino también con muchos otros implicados en los sistemas de recompensa y placer, en la motivación y el estado de ánimo, como, por ejemplo, los implicados en la síntesis, el transporte y la degradación de neurotransmisores como la dopamina –popularmente conocida como la neurohormona de la recompensa y la motivación–. Por ello, uno de los efectos colaterales del consumo excesivo de alcohol es favorecer la manifestación de estados depresivos. También altera el epigenoma de otros muchos genes, como el de la vasopresina (*AVP*) y el del factor de crecimiento neural (*NGF*). La vasopresina es un neurotransmisor implicado, entre otras muchas funciones, en la generación de emociones, entre las cuales destaca la de miedo. El consumo excesivo de alcohol también altera la capacidad emocional a través de las modificaciones epigenéticas que pueden quedar implantadas en estos genes durante mucho mucho tiempo.

Curiosamente, el mismo consumo de alcohol potencia también modificaciones epigenéticas en algunos genes que favorecen la adicción a esta sustancia, una suerte de círculo vicioso que se va retroalimentando. Algunos de estos genes son los denominados *CDH13, GATA, KCNMA1, SLC22A18*, etcétera. Resumiendo, según una revisión científica publicada a finales de 2017, cuando ya había empezado a escribir este libro, se ha visto que el consumo excesivo o crónico de alcohol puede alterar el epigenoma de al menos un centenar de genes.

Y no solo afecta a las metilaciones en el ADN, sino también a las acetilaciones en las histonas. En lo que respecta a este otro tipo de modificaciones epigenéticas, también afecta multitud de genes, entre los que se encuentran, por ejemplo, diversos de actuación cerebral, como los denominados *CREB* y *NPY*, entre otros. El gen *CREB* codifica un factor de transcripción que regula la función de otros muchos genes, como el ya citado *BDNF*. Y el gen *NPY* tiene una función clave en las neuronas de las amígdalas. Las amígdalas, unas zonas muy primitivas del cerebro que forman parte del llamado **sistema límbico**, son los centros que generan las emociones. Este hecho justifica los efectos del consumo de alcohol sobre las emociones, principalmente desestabilizándolas.

También se ha visto que el alcohol altera el patrón de otras modificaciones epigenéticas de las proteínas histonas, como las ubiquitinaciones y las sumoilaciones, de las que hablé brevemente en el capítulo 4. En este caso concreto, el número de trabajos científicos es todavía reducido, pero los resultados son congruentes. Por ejemplo, en uno de los trabajos más exhaustivos realizados hasta la fecha se analizó el cambio del patrón de sumoilaciones en ratones a los que se había mezclado alcohol en su comida en una cantidad moderada. El efecto acumulativo generó una reducción clara de este tipo de modificaciones epigenéticas, especialmente en el hígado, lo que puede contribuir a explicar la alta tasa de cirrosis hepática y de cáncer de hígado en los consumidores crónicos de alcohol.

Todos estos efectos, además, se ven potenciados cuando los consumidores son adolescentes. Según una estadística publicada en 2017 por el Ministerio de Sanidad, en España cuatro de cada cinco adolescentes ha bebido alcohol durante el último año. El 78 % lo ha probado antes de los dieciocho años, el 57 % de los menores de quince años ha participado en al menos un botellón y el 32 % de los que tienen entre catorce y dieciocho años se ha dado un atracón de beber durante el último mes. Durante la adolescencia se consolidan y se reorganizan los patrones sinápticos del cerebro, lo que hace que cualquier modificación que los afecte tenga consecuencias futuras más graves que si se produjese durante la adultez. Según un impactante trabajo publicado en 2016, el consumo de alcohol antes de la adultez implica la alteración de modificaciones epigenéticas que influyen negativamente en estas reorganizaciones sinápticas, lo que lleva a un incremento significativo de probabilidades de que desarrollen problemas psiquiátricos en etapas posteriores de su vida y alteraciones del comportamiento como pueden ser una mayor impulsividad y ansiedad, más predisposición a padecer depresión, etcétera.

Consumir

Como el lector puede apreciar, este tema daría para todo un libro si se tratase en toda su profundidad y complejidad, pero creo que con estos ejemplos de los efectos del alcohol es suficiente para que nos formemos una idea clara. Sea como fuere, no es la única sustancia adictiva que genera cambios en el epigenoma, con claras repercusiones para la salud física y mental de las personas. Mucho más brevemente les quiero comentar también el caso del consumo de tabaco, marihuana y cocaína.

Empecemos por el tabaco, y lo haré sin rodeos. Se ha visto que el consumo diario de tabaco altera las metilaciones en 748 sitios distintos del ADN. Son más de medio millar de genes que pueden ver alterada su regulación debido a este consumo. Muchos de los genes identificados hasta la fecha intervienen en la proliferación celular, lo que implica que su desregulación puede ser una vía de fácil acceso para el desarrollo de un tumor. Por este motivo, el consumo de tabaco es uno de los principales factores de riesgo en el desarrollo de cáncer de pulmón.

De hecho, un número muy elevado de tumores tienen su origen en la desregulación epigenética de algunos genes clave que controlan la proliferación celular. Esta desregulación le puede suceder a cualquier persona por simple azar, pero el consumo de tabaco o de otras sustancias tóxicas incrementa enormemente la probabilidad de que se produzcan. Uno de los grupos más destacados a nivel mundial que estudia la relación entre epigenética y cáncer es el del doctor Manel Esteller, médico e investigador que dirige el Programa de Epigenética y Biología del Cáncer en el Instituto de Investigación Biomédica de Bellvitge, en Barcelona. Tal vez este sea uno de los motivos por el cual he hablado poco de cáncer en este libro. El doctor Esteller, además de ser un científico muy destacado a nivel internacional –en mi opinión, dirige el mejor grupo a nivel mundial de epigenética y cáncer–, es también un muy buen divulgador –con quien tengo, además, una esporádica pero excelente relación profesional– y ha escrito algunos libros fantásticos sobre la relación entre el epigenoma y el cáncer.

Pero volvamos al consumo de tabaco. Los efectos nocivos que genera sobre el epigenoma no se restringen a incrementar muy notablemente la probabilidad de desarrollar ciertos tipos de cáncer, como el de pulmón. También se ha visto que altera las metilaciones de algunos genes relacionados con el envejecimiento, como, por ejemplo, el gen *AHRR*. Este gen está implicado en la detoxificación de determinadas sustancias, entre las que destacan las dioxinas. Estas son sustancias presentes en todo el medioambiente que actúan acelerando el envejecimiento celular, además de estar implicadas, cuando se encuentran en cantidad suficiente, en la generación de algunos procesos cancerosos. Este es uno de los motivos por los que el humo de tabaco acelera el envejecimiento de la piel de los fumadores, tanto activos como pasivos.

También se ha visto que altera selectivamente el epigenoma de algunos glóbulos blancos del sistema inmunitario a través de los genes *AHRR* (del que acabo de hablar en relación al envejecimiento), *ALPPL2, GFI1, IER3, GPR15, ITGAM* y *F2LR3*. Ya me perdonarán que cite genes con nombres tan poco atractivos, pero creo que es necesario mencionar algunos de ellos para que se pueda percibir la magnitud y la importancia de las modificaciones epigenéticas y el grado de conocimiento que se tiene sobre ellas. En conjunto, estos cambios en el epigenoma pueden restar eficacia a la actuación de estas células implicadas en la defensa de nuestro cuerpo contra agentes extraños, incluidas enfermedades infecciosas.

Llegados a este punto, tal vez se estén preguntando qué pasa con estas alteraciones cuando un fumador consigue dejar de fumar. Muy sencillo: poco a poco, el epigenoma va regresando a la normalidad. Pero mucha atención, porque, según un trabajo publicado a principios del 2016, ¡puede tardar veintidós años en hacerlo completamente! Lo que implica que los perjuicios para la función génica se mantienen mucho tiempo después de haber abandonado este hábito (por lo que la mejor prevención es no iniciarse nunca en el consumo de tabaco). Como en el caso del alcohol, los efectos parecen ser más profundos en los adolescentes, que es la edad en que muchas personas se inician en el consumo de tabaco.

Hay quien piensa que otros tipos de hierbas que pueden ser fumadas no causan daños por el hecho de ser más «naturales». Como el lector debe estar imaginando, me refiero a la marihuana. Aparte de los efectos psicológicos que causa —destruye neuronas y dificulta el establecimiento de sinapsis de forma directa desde el primer cigarrillo—, a nivel de modificaciones epigenéticas se ha visto que afecta a diversos genes de función cerebral, como el *CNR1*, que es precisamente un receptor de cannabioides. Su función normal es recibir información de determinadas neurohormonas cerebrales que se conocen como **cannabioides endógenos**, los cuales son producidos por el propio cerebro. Su estructura molecular es parecida a la del cánnabis, y este es el motivo por el que la marihuana afecta directamente a funciones cerebrales. Simplemente, su consumo incrementa artificialmente la concentración de estas sustancias cerebrales. La función de los cannabioides endógenos se relaciona con la memoria, la respuesta al estrés y el apetito, entre otras funciones. Pues bien, la alteración de la regulación de este gen favorece problemas de memoria y de gestión del estrés a medio y a largo plazo en las personas consumidoras, a pesar de que en algún momento de su vida decidan dejar de consumir marihuana. Cabe decir que, según una encuesta del Ministerio de Sanidad publicada en 2017, el 31,5 % de los españoles adultos consume o ha consumido cánnabis.

Finalmente, la cocaína, que según esta misma encuesta es consumida por un 9,1 % de los españoles adultos, altera las metilaciones de genes específicos del denominado **núcleo accumbens**, el área tegmental ventral y los denominados **circuitos corticoestriatales** del cerebro, lo que altera su funcionalidad y causa alteraciones del comportamiento. El núcleo accumbens está implicado en las sensaciones de placer y recompensa y en la gestión del miedo, la agresividad y la propia adicción. El área tegmental ventral, a su vez, desempeña diversas funciones en el sistema de recompensa, en la motivación y la cognición y en la dependencia a las drogas, y cuando se altera puede ser foco de varios trastornos psiquiátricos. También procesa varios tipos de emociones salidas de la amígdala y desempeña un papel importante en la evitación y el condicionamiento por miedo. Finalmente, los circuitos corticoestriatales desempeñan una función central en el desarrollo de comportamientos dirigidos a objetivos previamente planificados (control ejecutivo), incluyendo la motivación y la cognición. Todas estas alteraciones contribuyen a explicar los efectos a corto y a largo plazo del consumo de cocaína.

Y todo ello sin contar que muy a menudo una misma persona es consumidora de varias de estas sustancias. Se ha visto que las poliadicciones, como se las denomina, agravan las consecuencias epigenéticas de todas ellas mediante mecanismos sinérgicos. Podría estar hablando páginas y más páginas sobre este tema, pero creo que con todo lo dicho es suficiente para percibir de qué manera las sustancias que consumimos alteran nuestro epigenoma. Muchos de estos datos provienen de examinar a personas con adicciones diversas y otros de modelos animales que reproducen los mismos efectos. Por citar un ejemplo de este último caso, se ha entrenado a ratas para que se autoadministren distintas dosis de cocaína. La dosis que se administran y la regularidad con que lo hacen se correlaciona directamente con la severidad de las alteraciones epigenéticas, y estas, a su vez, con el propio proceso de adicción y los cambios de comportamiento que inducen.

Gestar

He empezado este capítulo hablando de la gran hambruna holandesa debida a uno de los muchos episodios vergonzantes de la Segunda Guerra Mundial –una situación que desgraciadamente se sigue produciendo en muchos conflictos bélicos–. He dicho que los niños nacidos justo después de este episodio tenían una mayor predisposición a padecer obesidad y determinados trastornos psiquiátricos que el resto de la población debido a modificaciones epigenéticas establecidas en algunos de sus genes. El ambiente, como he dicho muchas veces, condiciona el epigenoma.

Pero el establecimiento de las modificaciones epigenéticas no se inicia con el nacimiento, sino con la concepción (de hecho, como veremos en el siguiente capítulo, ya antes de la concepción, durante la producción de las células sexuales, los óvulos y los espermatozoides). Durante todo el desarrollo embrionario y fetal, la única fuente de alimentación es a través de la placenta, a partir de los nutrientes que la madre pasa a su hijo. La alimentación materna, por consiguiente, influye en las modificaciones epigenéticas de los hijos todavía no natos, por lo que la responsabilidad en el aspecto epigenético hacia los hijos empieza ya desde la concepción (y, como acabo de decir, pronto veremos que empieza mucho antes de la concepción, de hecho, durante la adolescencia, antes tan siquiera de que uno se plantee si va a querer tener hijos).

Uno de los casos mejor conocidos de influencia de nutrientes sobre modificaciones epigenéticas es el del ácido fólico. El ácido fólico, conocido también como **vitamina B9**, es imprescindible para la fabricación de muchas proteínas de nuestro cuerpo. Se suele recetar como complemento vitamínico a las mujeres que desean quedarse embarazadas, puesto que se sabe que ayuda a prevenir determinadas malformaciones del sistema nervioso de los embriones. Cuando una mujer tiene reservas suficientes de ácido fólico en su organismo, la probabilidad de que su hijo nazca con espina bífida o con hidrocefalia disminuye notablemente. La espina bífida es una malformación congénita que hace que la parte posterior del tubo neural no se cierre, lo que suele ocasionar parálisis en las piernas, entre otras afectaciones. La hidrocefalia, en cambio, es un trastorno cuya principal característica es la acumulación excesiva de líquido cefalorraquídeo en el cerebro. Suele ocasionar retardos significativos del desarrollo cognitivo y a menudo provoca la muerte de las personas afectadas.

Cabe decir que hace unos pocos años, en 2010, estuve colaborando con un colega de la Universidad de Mánchester en un trabajo científico cuyo objetivo era precisamente demostrar la relación del ácido fólico con la prevención de la hidrocefalia a través, precisamente, de modificaciones epigenéticas. En concreto, estudiamos cómo se gestiona la concentración de ácido fólico dentro del cerebro embrionario para contribuir a establecer estas modificaciones epigenéticas. Al inicio del desarrollo del cerebro, este está formado por una gran cavidad, la cavidad cefálica, que se encuentra rodeada por el denominado **neuroectodermo**, que es el tejido que formará las neuronas. Esta gran cavidad está rellena de un líquido conocido como **fluido cerebroespinal embrionario**, el cual contiene multitud de proteínas y de otras moléculas, como, por ejemplo, ácido fólico y folato, que se sabe que contribuyen a la formación del cerebro. Pues bien, estuvimos analizando los mecanismos que transportan el ácido fólico y el folato consumidos por la madre hacia el interior de la cavidad cefálica y de qué manera se gestiona su concentración (figura 13).

Como acabo de avanzar, se ha visto que una de las funciones del ácido fólico es contribuir a que se establezca el epigenoma durante el desarrollo embrionario, e incluso se han identificado algunos de los genes concretos que ayuda a regular. Uno de ellos es el denominado *IGF2* (del inglés *insuline growth factor 2*), que está implicado en la regulación de

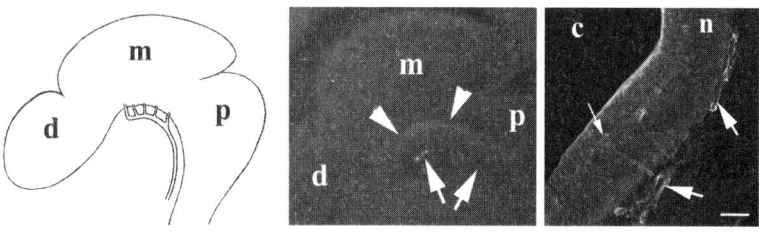

Figura 13. Zona de transporte de folato y de ácido fólico hacia el interior de la cavidad cefálica durante el desarrollo embrionario. A la izquierda se muestra un dibujo del cerebro embrionario justo cuando empieza a formarse. En el centro se puede observar la zona por donde el folato y el ácido fólico son transportados hacia el interior de la cavidad cefálica. A la derecha se muestra una ampliación de esta zona de transporte, que incluye diversos vasos sanguíneos. Las flechas blancas indican los grupos de células encargadas de este transporte (se ven, además, de color más claro que el resto de la imagen, puesto que fueron teñidas experimentalmente con este propósito). Las letras *d, m* y *p* indican distintas zonas del cerebro embrionario (denominadas **diencéfalo, mesencéfalo** y **prosencéfalo** respectivamente). Las letras *n* y *c* indican el neuroectodermo —el tejido que dará lugar a las neuronas— y la posición de la cavidad cefálica respectivamente. Una de las funciones que van a tener el folato y el ácido fólico que la madre suministra al embrión es contribuir a la formación de modificaciones epigenéticas que regularán el desarrollo del cerebro. La escasez de estas biomoléculas aumenta el riesgo de padecer algunas malformaciones congénitas, como espina bífida e hidrocefalia. Imagen procedente de investigaciones propias del autor del libro.

muchos aspectos del desarrollo, incluidos el tubo neural y el cerebro. Nuevamente, la falta de modificaciones epigenéticas afecta al funcionamiento normal de algunos genes.

También se ha visto que las dietas maternas excesivamente ricas en grasas o en azúcares, o todo lo contrario, deficitarias en nutrientes esenciales, condicionan el epigenoma de los embriones y los fetos que están gestando, lo que a su debido tiempo influirá en cómo será su metabolismo cuando nazcan, crezcan y se hagan adultos. Por ejemplo, una alimentación materna especialmente pobre en proteínas influencia las metilaciones y las acetilaciones de diversos genes, entre los que destacan los denominados *GR* y *PPAR*. Estos genes tienen una especial importancia para la función hepática, y las alteraciones en sus modificaciones epigenéticas favorecen la manifestación posterior, durante la edad adulta, de obesidad, hipertensión y diabetes.

También se ha visto que una nutrición global deficitaria induce una serie de modificaciones epigenéticas en los embriones y los fetos implicadas nuevamente en la obesidad (como en los genes *RXRa* y *NOS3*) e incluso en el receptor de andrógenos. Los andrógenos son hormonas típicamente masculinas, aunque las mujeres también las producen, pero normalmente en menor cantidad. Una de las muchas funciones de los andrógenos es repartir las reservas de grasa corporal por las distintas zonas del cuerpo, una distribución que es ligeramente diferente en hombres y en mujeres. Pues bien, la alteración del epigenoma de los receptores de andrógenos conlleva una repartición de las grasas en los hombres que se asemeja a la típica de las mujeres, lo que no solo influye en su aspecto físico, sino también, más importante todavía, en el metabolismo.

En el extremo opuesto, una sobrealimentación materna también conlleva alteraciones en los patrones normales del epigenoma en diversos genes que favorecen la hipertensión, la resistencia a la insulina (otro tipo de diabetes) e hiperlipidemia (que consiste en una concentración anormalmente alta en la sangre de colesterol y triglicéridos, lo que a su vez se correlaciona con una mayor incidencia de enfermedades cardiovasculares). La bibliografía sobre el tema es muy abundante, pero creo que con todos estos ejemplos basta para concienciarnos de la importancia de una alimentación equilibrada, también en relación con el epigenoma de los hijos que estamos gestando.

También las drogas consumidas durante la gestación afectan al epigenoma fetal, además de perjudicar directamente muchos otros aspectos de su metabolismo. Trabajos realizados con ratones en los que se reproduce el síndrome alcohólico fetal han demostrado que el alcohol consumido por la hembra gestante altera el epigenoma de diversos genes, como los denominados *H19* e *IGF2*, implicados en diversos aspectos del desarrollo y el metabolismo, y provoca hipometilación en muchas zonas del cerebro, lo que se relaciona con retrasos cognitivos al nacer y durante el resto de la vida.

Un efecto parecido se ha encontrado con relación al consumo de tabaco durante la gestación. En este caso, las sustancias contenidas en el humo del tabaco que la madre pasa al feto cambian el patrón normal de metilación en dos genes concretos llamados *AXL* y *PTPRO*. El primero está implicado en la supervivencia celular, lo que justificaría el menor peso de los niños afectados al nacer, y el segundo contribuye a la formación del sistema nervioso periférico, lo que podría inducir cambios de sensibilidad.

Creo que no es necesario insistir más en este tema. Con estos ejemplos, abundantes, podemos hacernos una idea de la importancia de lo que comemos, bebemos y consumimos sobre el epigenoma. Todo ello debería empoderarnos a llevar un estilo de vida tan saludable como sea posible, por nuestro bien y por el de nuestros hijos.

6.
Sucesos y pensamientos: quién dirige al director del director adjunto (o «el camarote de los hermanos Marx»)

La alimentación y todo aquello que consumimos pueden afectar, de una forma u otra, a nuestro epigenoma y al de los hijos que gestamos. Lo acabamos de ver en el capítulo anterior. La inmensa mayoría de los estudios realizados hasta la fecha han analizado condiciones razonablemente extremas, como una ingesta excesiva de grasas o claramente deficitaria de proteínas o el consumo habitual de sustancias tóxicas y adictivas. Ello no significa que otras condiciones no puedan modificar el epigenoma, pero resulta más complejo estudiarlas porque los resultados tampoco serán tan extremos. Sin embargo, como he dicho diversas veces, no hay que obsesionarse con esto: una dieta equilibrada y una vida sana son las mejores garantías para tener un epigenoma que favorezca nuestra salud y calidad de vida. Todos estos factores son los que, a modo de comparación, he calificado como el director del director adjunto (todo aquello que contribuye a dirigir de qué forma se dirige la función de nuestros genes).

Pero la situación es todavía más compleja, o más barroca, si prefieren decirlo de esta manera. ¿Recuerdan aquella escena de la película *Una noche en la ópera*, de los hermanos Marx, en la que van entrando personas y más personas en un angosto camarote? En esta escena, que se ha hecho famosa con el nombre de «El camarote de los hermanos Marx», Groucho se dispone a contratar al tenor Ricardo Baroni (interpretado por su hermano Zeppo), por lo que se entrevista con su representante (interpretado por otro de sus hermanos, Harpo) para discutir el contrato:

—Haga el favor de poner atención en la primera cláusula porque es muy importante. Dice que… la parte contratante de la primera parte será considerada como la parte contratante de la primera parte. ¿Qué tal?, está muy bien, ¿eh?

—No, eso no está bien. Quisiera volver a oírlo.

—Dice que… la parte contratante de la primera parte será considerada como la parte contratante de la primera parte.

—Esta vez creo que suena mejor.

—Si quiere, se lo leo otra vez.

—Tan solo la primera parte.

—¿Sobre la parte contratante de la primera parte?

—No, solo la parte de la parte contratante de la primera parte.

—Oiga, ¿por qué hemos de pelearnos por una tontería como esta? La cortamos.

—Sí, es demasiado largo. ¿Qué es lo que nos queda ahora?

–Dice ahora… la parte contratante de la segunda parte será considerada como la parte contratante de la segunda parte.

–Eso sí que no me gusta nada. Nunca segundas partes fueron buenas. Escuche: ¿por qué no hacemos que la primera parte de la segunda parte contratante sea la segunda parte de la primera parte?

Tal vez a alguien pueda parecerle que la regulación del genoma a partir de las modificaciones epigenéticas es tan barroca –o absurda– como esta escena y tan llena de posibilidades como personas hay dentro del camarote (si no me he descontado al volver a mirar esta escena, creo que llega a haber hasta trece personas en un camarote que no supera los tres o cuatro metros cuadrados de superficie). Efectivamente, las modificaciones epigenéticas generan un sinfín de posibilidades en lo que respecta a la regulación del genoma y, por extensión, a su función, pero de absurdo no tienen nada. Y, como vamos a ver inmediatamente, no solo aquello que ingerimos o consumimos afecta al epigenoma, sino que hay muchas más posibilidades, a partir de los sucesos vitales con que nos vamos encontrando, e incluso de nuestros pensamientos. El director del director del director adjunto está a punto de entrar en escena.

El año 2007 una revista científica de primer nivel publicó un artículo que me sorprendió profundamente. Lo habían escrito tres investigadores del Instituto de Zoología de la Universidad de Ratisbona, en Alemania. El punto de partida era tan simple como interesante –crucial, diría yo– para entender muchos aspectos del comportamiento humano (y que entronca con uno de los aspectos centrales de mi trabajo). Hacía ya tiempo que se sabía, por multitud de estudios psicológicos, que las situaciones de estrés acaecidas durante la primera infancia, especialmente las debidas a abusos o abandono, incrementan de manera significativa el riesgo de que estas personas, al crecer y convertirse en adolescentes, jóvenes y adultos, desarrollen y manifiesten niveles patológicos de ansiedad o agresividad. Es un problema individual y social gravísimo. Aunque las estadísticas varían mucho entre países, solo como referencia, en 2015 en España se denunciaron 4.056 casos de abuso o abandono infantil, lo que es solo la punta del iceberg, puesto que se calcula que aproximadamente el 85 % de las situaciones de abuso no se denuncian.

Para estudiar de manera experimental si estos abusos, concretamente el abandono, pueden tener consecuencias sobre el epigenoma que ayuden a explicar el incremento significativo de las probabilidades de desarrollar y manifestar niveles patológicos de ansiedad o agresividad que se observa en las personas afectadas, estos investigadores usaron ratones. Los roedores en general y los ratones en particular cuidan mucho a sus crías. De hecho, en su particular sociedad son las hembras las que las cuidan –no sería este el caso de la especie humana, donde tanto las madres como los padres comparten y deben compartir la protección, los cuidados y los juegos con sus hijos–. No solo alimentan a sus crías y les dan calor, sino que las acicalan y juegan con ellas. Cuando las hembras van a buscar comida, regresan al cabo de muy poco tiempo junto a sus crías, de manera que no tienen tiempo de «sentirse» desprotegidas. Antes de empezar el experimento ya se sabía que, si se separa a las crías de sus madres tres horas seguidas cada día durante las dos primeras semanas de vida y se las deja completamente solas (únicamente con calor suficiente para que la temperatura no sea un factor de estrés), al llegar a la adultez muestran niveles más altos de ansiedad y de agresividad y una menor capacidad para gestionar situaciones de estrés.

Pues bien, se ha visto que este relativo «abandono» genera cambios epigenéticos permanentes –o como mínimo muy duraderos– en genes que intervienen en la síntesis y la gestión de dos conocidas neurohormonas: la vasopresina y la oxitocina, los cuales ayudan a explicar los cambios de comportamiento que se observan durante la edad adulta. El ambiente social externo y los azares de la vida también condicionan nuestro epigenoma, lo que, para ser honestos, a estas alturas del libro ya no debería extrañarnos demasiado. Si la función principal del epigenoma es adecuar el funcionamiento de los genes a las condiciones en que vive cada individuo, y las condiciones sociales son cruciales en todas las especies de vida social como la nuestra, es lógico pensar que afectarán al funcionamiento de los genes implicados en el comportamiento.

Luego volveré a este caso y lo ampliaré con ejemplos sacados de nuestra propia especie. Antes, sin embargo, quiero hablarles de los efectos sobre el epigenoma de las actividades físicas que realizamos, del hecho de practicar deporte. Sí, practicar deporte no solo fortalece nuestros músculos y flexibiliza todo el sistema cardiovascular, sino que también influye positivamente en la manera como funcionan algunos genes, a través de modificaciones epigenéticas.

Correr

Practicar algún deporte moderado de manera regular, sin grandes excesos pero saliendo ligeramente de la zona de confort, es importantísimo para mantener un buen estado de salud física y mental. Aparte de los efectos sobre la musculatura, el sistema cardiovascular y los mecanismos de control metabólico, como la gestión corporal de azúcares y grasas, se sabe que el movimiento muscular genera enzimas que degradan el cortisol, que es la hormona del estrés. Por este motivo, el ejercicio físico es relajante –o desestresante, como prefieran–. También se sabe que la práctica regular de deporte favorece las funciones cerebrales. En este sentido, se ha descrito una red de interacciones genéticas y enzimáticas que relacionan el movimiento muscular con la plasticidad cerebral.

La plasticidad cerebral es la capacidad que tienen las neuronas para establecer nuevas conexiones entre ellas, o nuevas sinapsis, como se las denomina en el argot técnico de la neurociencia. Este proceso es crucial para nuestra vida mental, puesto que sustenta la capacidad que tenemos de adquirir nuevos conocimientos y de hacer y rehacer nuestra manera de actuar y de relacionarnos con el entorno a través del comportamiento. En este contexto, cabe decir que nuestra vida mental, todas nuestras funciones psíquicas y nuestras facultades intelectuales, surge del funcionamiento del cerebro, concretamente de la actividad de las complejas redes que establecen las neuronas entre sí. Además, un cerebro capaz de hacer más conexiones neuronales es un cerebro con más capacidad de aprender y de adaptarse a su entorno y de modificar sus patrones de comportamiento si así se requiere. Un cerebro plástico es siempre un cerebro más joven. Si les interesa el tema de la plasticidad cerebral, es decir, de cómo se construye y reconstruye el cerebro, al cual regresaré luego en el último apartado de este capítulo, tal vez les apetezca hojear un libro que publiqué el año 2016 en esta misma editorial (*Cerebroflexia. El arte de construir el cerebro*).

Brevemente, cuando hacemos deporte sostenido (más de veinte minutos sin descanso), los músculos producen una enzima denominada *FNDC5*, cuya función es activar las reservas energéticas para satisfacer la demanda muscular. Concretamente, pone en circulación parte de las grasas que almacenamos en el tejido adiposo, puesto que constituyen el sustrato energético más rico que tenemos. Una vez ha realizado su función, esta enzima se fragmenta, y una de sus porciones, que pasa a denominarse **irisina**, viaja hasta el cerebro, donde interactúa con determinados factores de transcripción. Esto hace que se active un gen muy interesante, denominado *BDNF* (*brain-derived neurotrophic factor*, o factor neurotrófico derivado del cerebro). En el capítulo 2 hablé de la importancia de los factores de transcripción para regular la actividad de los genes, y en el capítulo 3 cité el gen *BDNF* y hablé brevemente de su función. De forma resumida, este gen activa y favorece la plasticidad neural, es decir, la capacidad de las neuronas para establecer nuevas conexiones. Así que, de manera indirecta, la práctica deportiva «rejuvenece» el cerebro y facilita los aprendizajes. Hasta aquí, sin embargo, no hay modificaciones epigenéticas por ninguna parte –aunque sí hay regulación de la expresión génica a través de los factores de transcripción activados por la irisina–. Ahora vienen las modificaciones epigenéticas.

Diversos trabajos han identificado varias docenas de genes cuyo patrón de modificaciones epigenéticas depende del hecho de realizar ejercicio físico de intensidad moderada de manera regular. Muchos de estos genes tienen relación con la musculatura, como cabría esperar, o con el sistema cardiocirculatorio y con el metabolismo, puesto que todo ello está implicado y se activa de manera específica ante la práctica de cualquier ejercicio físico. Pero los efectos sobre el epigenoma van mucho más allá, y se notan incluso en genes protectores contra el cáncer y las enfermedades neurodegenerativas. Practicar deporte de forma regular y con moderación es, como en el caso de las dietas equilibradas y variadas y la ausencia de consumo de productos tóxicos, una muy buena manera de potenciar un epigenoma que favorezca nuestra salud física y mental.

Por ejemplo, se ha visto que el ejercicio físico condiciona modificaciones epigenéticas en genes específicos de los miocitos, que son las células progenitoras de la musculatura. Su función es reemplazar las células musculares dañadas, manteniendo la musculatura en buen estado. Este es uno de los motivos por los que la práctica deportiva favorece una buena tonicidad y eficiencia muscular, a través de la regulación del recambio celular. Uno de los primeros genes que se identificaron en este contexto fue el denominado *MEF2* (factor intensificador de los miocitos número 2, o *myocite enhancer factor 2*). Pero los efectos no se restringen a un solo gen. Un trabajo publicado en 2015 identificó una docena de genes cuyo epigenoma se ve beneficiado por el deporte, como, por ejemplo, los denominados *KCNQ1*, *MEG3*, *GRB10*, *L3MBTL1* y *PLAGL1*, entre otros. El gen *KCNQ1*, por citar uno, está implicado en la llamada **repolarización** del músculo cardíaco, que permite al corazón mantener un ritmo adecuado a la actividad que se está realizando; por su parte, el gen *PLAGL1* fabrica un factor de transcripción que actúa sobre otros genes diversos, entre los cuales algunos de los denominados **supresores de tumores** (son los genes que evitan la aparición de células tumorales controlando la proliferación celular), etcétera.

En lo que se refiere al sistema cardiocirculatorio, a parte del gen *KCNQ1* que acabo de citar, el deporte también contribuye a mantener un buen epigenoma en algunos otros genes como el de la *miocardina*, implicado en la regeneración del músculo cardíaco (lo que, a su vez, contribuye a su buen estado de funcionamiento y retarda su envejecimiento), o los denominados *MMP-2* y *MMP-9*, cuya función es mantener la llamada matriz extracelular del corazón, entre otros. La matriz extracelular es un material formado por diversas proteínas y otras biomoléculas que se encuentra entre todas las células del cuerpo. Su función es mantener las células unidas y cohesionadas y facilitar que se comuniquen para que puedan coordinar de forma eficiente su actividad. La matriz extracelular es una parte imprescindible de la fisiología corporal, que contribuye al buen funcionamiento de todos los órganos y tejidos.

A nivel metabólico, como ya he avanzado, el ejercicio físico también promueve modificaciones epigenéticas que contribuyen a una buena regulación de la gestión energética del cuerpo, por ejemplo, a través de la hormona de crecimiento (*GH*) y del gen *IGF-1* (*insuline growth factor 1*), un factor de la familia de la insulina que contribuye a regular el desarrollo corporal y diversos aspectos del metabolismo. En el extremo opuesto, se ha visto que el sedentarismo promueve cambios epigenéticos que favorecen la manifestación de diabetes de tipo 2, que es la que puede aparecer con la edad. Otros genes implicados en el metabolismo cuyo epigenoma se ve beneficiado por la práctica regular de deporte moderado son los llamados *RUNX1, THADA, ADIPOR1* y *2, BDKRB2* y así hasta una docena más que se hayan identificado hasta la fecha.

Finalmente, como ya he comentado, el ejercicio físico también promueve modificaciones epigenéticas en genes que contribuyen a mantener a raya los procesos cancerosos y las enfermedades neurodegenerativas. No es que el deporte «evite» estas patologías, sino que disminuye la probabilidad de que se manifiesten o retrasa la edad de aparición, lo que por sí mismo, a mi entender, es ya muy importante. Como comenté cuando hablaba de la alimentación, que nadie se crea a charlatanes que prometan prevenir absolutamente cualquiera de estas enfermedades o curarlas a través de determinados ejercicios físicos, porque no es cierto. El epigenoma no funciona de esta manera. Lo único certero es que contribuye a reducir la probabilidad de desarrollarlas y a retrasar la edad de manifestación.

En lo que respecta al cáncer, el ejercicio físico contribuye a regular genes supresores de tumores, que son los que evitan la proliferación celular anómala –lo que a su vez puede desembocar en la generación de tumores– y también contribuye a silenciar oncogenes, cuya función es estimular la proliferación celular y que, cuando se descontrolan, favorecen la manifestación de procesos cancerosos. Y, en relación con las enfermedades neurodegenerativas, se ha visto que contribuye a las modificaciones epigenéticas de algunos genes como *SNCA*, *LRRK2*, *PARK2* y *GPNMB*, entre otros, implicados en la función neuronal. El *SNCA*, por ejemplo, está implicado en la regulación de las neuronas dopaminérgicas –que son las que fabrican el neurotransmisor dopamina–, y se sabe que la muerte de estas neuronas se relaciona con los déficits asociados a la enfermedad de Parkinson. El *LRRK2* y el *PARK2* también están implicados en esta enfermedad neurodegenerativa, y el *GPNMB* lo está en la enfermedad de Alzheimer y en la esclerosis amiotrófica lateral.

Como en todos los casos que he discutido en los capítulos anteriores, podría estar hablando del tema párrafos y más párrafos, pero creo que con estos ejemplos el lector puede tener una idea suficientemente amplia de los efectos beneficiosos que tiene practicar regularmente ejercicio físico moderado sobre el epigenoma y, de rebote, sobre nuestra salud en general. Y lo mismo se puede aplicar al ejercicio físico que practican las mujeres gestantes sobre el epigenoma de sus hijos todavía no natos, siempre teniendo en cuenta que sea un ejercicio absolutamente adecuado a su situación. No es distinto a lo que ya comenté en relación con la alimentación y el consumo de sustancias tóxicas. Se ha visto, por ejemplo, que el ejercicio que practican las madres gestantes influencia el metabolismo cardíaco de su hijo todavía no nato a través de modificaciones epigenéticas en algunos genes concretos, y que esta influencia positiva se mantiene a lo largo de su vida. La responsabilidad de un estilo de vida saludable, pues, no solo debemos tenerla para con nosotros mismos, sino también para con nuestros descendientes.

Mucha atención, sin embargo, porque el exceso de ejercicio físico, especialmente cuando se combina con otros procedimientos para aumentar la masa muscular, como un consumo muy elevado de proteínas y la utilización de estrógenos, también tiene impactos negativos sobre el epigenoma. Se calcula que la vigorexia, que es el nombre que recibe el deseo exagerado de tener un cuerpo musculoso, puede afectar en algunas sociedades hasta al 10 % de la población masculina de edades comprendidas entre los diecisiete y los treinta y cinco años. Pues bien, se ha visto que la vigorexia puede alterar el epigenoma de algunos genes, como los denominados *CAMK1* y *CAMK2*, lo que favorece la hipertrofia del corazón. La hipertrofia cardíaca es una enfermedad que consiste en un aumento del grosor del músculo cardíaco, lo que a la larga dificulta el llenado sanguíneo del corazón y puede llegar a disminuir su fuerza de contracción.

Vivir

La vida incluye un sinfín de situaciones diversas. Muchas son agradables, pero, por desgracia, a veces se producen sucesos que pueden ser sumamente terribles. Sin embargo, por terrible que pueda ser una situación, las personas tienden a sobreponerse y a adaptarse, aunque ello implique profundos cambios de comportamiento. El instinto de supervivencia que llevamos inscrito en nuestros genes y en nuestras células suele predominar. Como sabemos, el epigenoma sirve precisamente para adaptar el funcionamiento de los genes a las condiciones ambientales en las que vive cada persona. Estos azares de la vida, los imponderables con los que nos vamos encontrando, ¿condicionan también las modificaciones epigenéticas? La respuesta, como deben estar suponiendo, es que sí. De hecho, he empezado este capítulo explicándoles un trabajo realizado en 2007 con ratones. En ese experimento se demostró que la sensación de abandono que experimentan las crías de ratón cuando se las separa de sus madres diariamente tres horas seguidas durante las dos primeras semanas de vida condiciona el epigenoma de algunos de sus genes y que estas modificaciones se relacionan con aspectos concretos del comportamiento, como, por ejemplo, la ansiedad y la agresividad.

También al inicio de este capítulo les he relatado una situación humorística, hilarante diría yo, sacada de una película de los hermanos Marx. Un trabajo publicado en 2016 concluía que el buen humor experimentado durante la infancia induce modificaciones epigenéticas que favorecen una mejor salud física y mental a lo largo de la vida, aunque no identificaba ningún gen concreto. Sin duda, el buen humor tiene efectos muy positivos sobre la salud y las funciones mentales, pero la mayor parte de los estudios sobre este tema se han realizado en condiciones negativas: estrés, abusos, traumas, abandono, etcétera. El buen humor es uno de los mejores antídotos contra el estrés, así que empezaré hablando de los efectos del estrés sobre el epigenoma. Después veremos casos más traumáticos, mucho más duros para la vida de las personas que los han padecido.

En un trabajo realizado en el 2010 se encontró que la exposición crónica a glucocorticoides como el cortisol, que son neurohormonas asociadas al estrés, provoca modificaciones epigenéticas en genes de actuación cerebral que afectan al comportamiento. Los experimentos también se realizaron en ratones, puesto que la gran similitud genética que tenemos con ellos hace que los resultados sean razonablemente extrapolables a nuestra especie. Cabe decir, antes de continuar, que el estrés puntual no es perjudicial en sí mismo, sino el crónico. El estrés es una reacción fisiológica del cuerpo y del cerebro que se desencadena ante una situación que percibimos como una amenaza y nos prepara para poder actuar con celeridad, huyendo con rapidez o luchando con bravura, con independencia de que la amenaza sea real o simplemente una percepción subjetiva. Sin estrés no sobreviviríamos. Durante situaciones estresantes producimos glucocorticoides, que afectan a muchos sistemas en todo el cuerpo. Estos efectos están mediados por el denominado **eje hipotalámico-pituitario-adrenal** (HPA), una red neural y hormonal que involucra al hipotálamo y a la glándula pituitaria en el cerebro y a las glándulas suprarrenales cerca de los riñones. Sea como fuere, el estrés puntual, como digo, no representa ningún problema. Los problemas surgen cuando el estrés se cronifica, puesto que entonces toda nuestra fisiología se encuentra permanentemente tensionada, preparada para dar una respuesta rápida ante una situación que no llega nunca.

En el experimento que les comento, los investigadores agregaron cortisona al agua potable de los ratones durante cuatro semanas consecutivas para inducirles la respuesta hormonal típica asociada al estrés crónico. Después, tras un período de recuperación de cuatro semanas sin cortisona en su bebida para poder evaluar los efectos a largo plazo del estrés crónico sufrido, se examinaron los niveles de expresión de cinco genes típicos de este eje HPA en el hipocampo, el hipotálamo y la sangre, así como su nivel de metilaciones epigenéticas. El hipocampo es el centro que gestiona la memoria, mientras que el hipotálamo coordina las conductas esenciales vinculadas al mantenimiento del individuo.

Concluidas las ocho semanas del experimento, a simple vista, los ratones a los que se les había inducido estrés crónico se mostraban mucho más ansiosos que los controles, que no habían recibido esta hormona a través del agua potable. El motivo, como descubrieron, es que la exposición crónica a la cortisona altera las modificaciones epigenéticas de tres genes concretos. Uno de ellos, denominado *Fkbp5*, se encontraba hipometilado –es decir, estaba menos metilado de lo habitual–, lo que hacía que se expresase con mucha más intensidad. Este gen forma parte de un complejo implicado en la recepción, precisamente, de glucocorticoides, y por otros experimentos se sabe que está relacionado con el estado de ánimo y con el síndrome de estrés postraumático.

En otros experimentos, realizados también en 2010 con ratones, se vio que el estrés social inducido durante las primeras semanas de vida altera el patrón normal de metilaciones epigenéticas en un gen denominado *Crf*, cuya función es producir otra neurohormona relacionada con la respuesta al estrés y a la resiliencia: la corticotropina. Dicho de otro modo, las experiencias vitales nos preparan para hacer frente de forma «eficiente» a eventos futuros similares a través de modificaciones epigenéticas específicas. Tal vez a alguien pueda parecerle raro que las modificaciones epigenéticas establecidas por el estrés crónico experimentado durante una etapa de la vida, especialmente durante la infancia, puedan favorecer un nivel más elevado de ansiedad mucho tiempo después, pero desde el punto de vista de la adaptación biológica tiene mucho sentido. Si un organismo se desarrolla en un ambiente amenazador donde el estrés forma parte de su día a día, para estar prevenido en el futuro más le vale estar siempre alerta. Y esta sobreactivación de los sistemas de alerta es lo que percibimos como ansiedad. Estos cambios epigenéticos relacionados con el estrés crónico nos preparan para luchar más duro o huir más rápido la próxima vez que nos encontremos ante una situación amenazadora.

Llevado a nuestra propia experiencia, con factores estresantes modernos, como, por ejemplo, los plazos de trabajo demasiado ajustados o cumplir con los pagos de la hipoteca en una situación de inestabilidad laboral, ante los cuales no podemos luchar ni huir, el estrés crónico y la ansiedad que se generan pueden llevarnos a la depresión o a otros trastornos del estado de ánimo. Y, a través del epigenoma, pueden hacerse mucho más duraderos de lo que quisiéramos, por lo que la mejor prevención es atajar cuanto antes los motivos que puedan llevarnos a este estrés crónico. Estos datos abren, a su vez, una posibilidad inusitada para tratar con más eficiencia estos procesos que pueden afectar gravemente al estado de ánimo: la epigenética médica o, lo que es lo mismo, la utilización de herramientas farmacológicas –terapias epigenéticas– para remodificar las modificaciones epigenéticas. Este concepto, que sirve tanto para este apartado como para todos los demás, será el tema central que trataremos al final del libro, en el último capítulo.

Regresemos ahora a los ratones «desamparados». Como he dicho, esta situación de relativo abandono induce cambios epigenéticos en genes relacionados con la vasopresina y la oxitocina. La vasopresina es una neurohormona que, entre otras muchas funciones, actúa en las amígdalas cerebrales como neurotransmisor del miedo. Las amígdalas están formadas por unas agrupaciones de neuronas que funcionan como centros generadores de emociones. Y el miedo es una de las emociones más básicas, la que nos impulsa a escondernos o a huir ante una situación que percibimos como una amenaza.

En lo que se refiere a la oxitocina, también tiene muchas funciones, desde estimular la secreción de leche materna durante la lactancia hasta la dilatación del canal del parto durante el alumbramiento. A nivel cerebral, actúa favoreciendo los lazos afectivos, el comportamiento maternal y la confianza, al mismo tiempo que contrarresta les efectos del cortisol como hormona del estrés y hace que disminuya la sensación de miedo. Por eso se la conoce popularmente como la **neurohormona de la sociabilidad.** La combinación de estos factores, es decir, de los cambios en la expresión de la vasopresina y la oxitocina inducidos epigenéticamente, explican el comportamiento más agresivo y ansioso de estos ratones durante su adultez. Dicho de otro modo, la manera más eficiente de sobrevivir cuando uno ha tenido una infancia desprotegida es acentuando los comportamientos de autoprotección. Esto es, la ansiedad relacionada con la sobreactivación de los sistemas de alerta para responder más rápido ante cualquier cambio del entorno –lo que a su vez incrementa la impulsividad a costa de la reflexividad– y la agresividad para luchar más duro. En las hembras, además, también hace que disminuya su instinto maternal cuando se convierten en madres, puesto que esta es una de las múltiples funciones de la oxitocina.

Este último hecho genera un bucle que se retroalimenta. Si por el motivo que sea una cría se ve relativamente abandonada por su madre, de manera que cambia la expresión de los genes relacionados con la oxitocina, cuando sea mayor cuidará menos a sus crías, lo que hará que estas también puedan sentirse abandonadas, reproduciéndose el mismo proceso. Este efecto de posible perpetuación en el tiempo será el eje central del próximo capítulo.

Hay muchos más trabajos sobre estos temas. De manera más breve, para no extendernos demasiado, puesto que creo que el mensaje ha quedado ya suficientemente claro, en unos experimentos posteriores se vio que el abandono materno afecta a muchos más genes de actuación cerebral, en la misma dirección a la descrita. Una de las regiones génicas más afectada es la denominada de las **protocadherinas**, que incluye diversos genes relacionados que se encuentran cercanos los unos de los otros en el genoma y que en conjunto se conocen como **cadherinas**. Las cadherinas sirven de anclaje entre las células del sistema nervioso, especialmente durante su formación, para que armonicen sus funciones y puedan establecer contactos, especialmente las sinapsis, de las que les he hablado en un punto anterior. La modificación de la expresión de estos genes produce alteraciones en los patrones de conexiones entre las neuronas, lo que perjudica el desarrollo de muchas capacidades cognitivas. Según los autores de un trabajo publicado en 2013, este hecho podría explicar los retardos madurativos que suelen detectarse en los niños y las niñas que han sufrido condiciones de abandono, y también un menor desarrollo de sus capacidades cognitivas. Otro caso todavía más terrible es el de los menores que han sufrido abusos físicos, incluidos los sexuales. En un trabajo realizado en 2009 se vio que tienden a tener modificaciones epigenéticas anómalas en un gen denominado *NR3C1*, cuya función es servir de receptor de los glucocorticoides (que, como ya he dicho, son las neurohormonas del estrés). Estas mismas alteraciones epigenéticas se han asociado también a una mayor predisposición a la depresión, a manifestar comportamientos violentos y a una mayor tasa de suicidio. Como les he advertido al iniciar este párrafo, se trata de una situación terrible para las víctimas, puesto que lo son por partida doble.

Ya para terminar, se han encontrado asociaciones parecidas entre determinadas alteraciones epigenéticas y jóvenes que han padecido situaciones traumáticas, como, por ejemplo, haber participado de forma activa o pasiva en un conflicto bélico, haber sufrido acoso sexual o haber recibido amenazas de muerte. En estos casos, estas modificaciones epigenéticas favorecen el desarrollo del síndrome de estrés postraumático. Nuevamente, puede parecer una paradoja que estas situaciones traumáticas incrementen la probabilidad de padecer este trastorno, pero a nivel adaptativo tiene cierta lógica: alteran la memoria para evitar esos recuerdos, activan emociones de miedo e ira como mecanismo de autoprotección e hipervigilancia por si se produce una situación similar, etcétera. Y de rebote, puesto que en el cerebro todos los mecanismos están relacionados, incrementa la posibilidad de sufrir depresiones y otros trastornos del estado de ánimo. Además, se ha visto que algunas de estas modificaciones afectan a genes directamente implicados con las metilaciones epigenéticas, como los *DNMT* (hablé de ellos en el capítulo 4, cuando expliqué con cierto lujo de detalles cómo se forman las metilaciones en el ADN), lo que produce un efecto en cascada que puede afectar a regiones mucho más amplias del epigenoma.

Pensar

Llegados a este punto, podría parecer que cualquier situación puede alterar nuestro epigenoma. Aunque el número de trabajos sobre este tema aumenta semana tras semana, no me atrevería a afirmar algo así por dos motivos. Primero, porque la información de que disponemos es todavía fraccionada y nos faltan muchas piezas del puzle. Segundo, porque la mayoría de los casos estudiados tienen relación con alteraciones que de una u otra manera parece que nos perjudican, lo que podría dar una imagen equivocada del epigenoma, como si fuese un sistema biológico destinado a perjudicarnos.

Nada más lejos de la realidad. El epigenoma es un sistema fantástico que nos permite regular el funcionamiento de los genes de manera adaptable y económica. Lo que sucede es que, por la facilidad en la detección y en la interpretación de los resultados, y también por su utilidad clínica, suelen examinarse los casos más extremos, los que producen alteraciones más costosas en términos individuales y sociales, y ello incluye las enfermedades y los problemas de comportamiento. Así pues, para demostrar la gran importancia del epigenoma para nuestra calidad de vida, más allá de la alimentación y la práctica deportiva que he discutido en este capítulo y en el anterior, voy a terminar hablando de cómo nuestros propios pensamientos también contribuyen a modelar las modificaciones epigenéticas en positivo.

Antes, sin embargo, quiero hacerles una advertencia similar a otras anteriores. No podemos cambiar las modificaciones epigenéticas de un gen concreto sencillamente pensando, de forma dirigida y precisa. Cuando digo que nuestros pensamientos también pueden contribuir a modelar las modificaciones epigenéticas, no me refiero a esto, de ningún modo. Y si alguien pretende vendérselo de esta manera, por favor, no le crean. A lo que me refiero es que el simple hecho de aprender cosas nuevas, de meditar y de relajarnos, beneficia el epigenoma general, como ya hemos visto que también hace el deporte o una alimentación variada y equilibrada.

Según el diccionario, *pensar* significa «formar o combinar ideas o juicios en la mente; examinar mentalmente algo con atención para formar un juicio; opinar acerca de una persona o cosa; formar en la mente un juicio u opinión sobre algo, y recordar o traer a la mente algo o a alguien». Todas estas definiciones tienen en común la utilización del cerebro para realizar procesos internos, relacionados con la memoria, el raciocinio, el aprendizaje, la asociación de ideas, etcétera. Pensar es, en definitiva, utilizar el cerebro para realizar acciones mentales internas. Por lo tanto, antes de continuar debo hablarles un poco de cómo funciona el cerebro. Si les interesa una descripción más amplia de este órgano tan fantástico de nuestro cuerpo, pueden echar una hojeada a *Cerebroflexia. El arte de construir el cerebro*, libro que publiqué en 2016 en esta misma editorial (ya lo he mencionado antes, en relación a la plasticidad neuronal).

El cerebro humano está formado por unos ochenta y cinco mil millones de neuronas, aunque el número exacto es ligeramente diferente en todos los cerebros. El número de neuronas, sin embargo, no es importante en sí mismo. Por supuesto que necesitamos un número mínimo de neuronas para funcionar como seres humanos, pero no nos viene de cinco mil o diez mil millones más o menos con respecto a este promedio, los ochenta y cinco mil millones que he mencionado. Estas variaciones son absolutamente normales y no proporcionan ninguna facultad mental o ninguna capacidad intelectual extraordinarias ni ningún déficit significativo. Lo que condiciona nuestra vida mental, nuestras facultades y capacidades intelectuales, son las conexiones que establecen estas neuronas entre ellas. Cada neurona está conectada con otras muchas a través de las prolongaciones que emite –que en terminología científica se denominan **axones**–. Hay neuronas que están conectadas a solo otras diez neuronas diferentes, pero las hay que pueden llegar a estar conectadas hasta con diez mil neuronas más.

De media, se calcula que un cerebro humano tiene unos doscientos billones de conexiones, esto es, doscientos millones de millones de sinapsis (200.000.000.000.000). Pero un cerebro cultivado, esto es, que ha leído, practicado deporte, jugado, estudiado, disfrutado, escuchado y tocado música, etcétera, es decir, un cerebro estimulado que ha pensado, puede llegar a tener hasta mil billones de conexiones. Y esto sí marca diferencias, no solo por el número de conexiones, sino también por las zonas del cerebro que conectan. Porque nuestra vida mental, nuestros patrones de conducta, todo aquello que aprendemos, no reside en neuronas concretas –en este caso lo importante sería el número de neuronas–, sino en las conexiones que establecen entre ellas. Cada recuerdo, cada cosa que aprendemos, cada patrón de comportamiento, reside en una red de conexiones neuronales determinada. Las neuronas del cerebro funcionan de forma cooperativa y sinérgica, jamás de manera individual. Estas redes, además, no son fijas ni inmutables, sino dinámicas y cambiantes, de forma que se van haciendo y rehaciendo a medida que aprendemos cosas nuevas y que las vamos usando. También se construyen y reconstruyen cuando pensamos. Esta capacidad de hacer conexiones nuevas es lo que se viene a denominar **plasticidad neural**.

Como ya he comentado unas páginas atrás, la plasticidad neural es la capacidad que tienen las neuronas para establecer nuevas conexiones entre ellas, o nuevas sinapsis, y es crucial para nuestra vida mental. Un cerebro con más conexiones neuronales es un cerebro con más capacidad de aprender y de adaptarse a su entorno y de modificar sus patrones de comportamiento si así se requiere. Como también he dicho, un cerebro plástico es siempre un cerebro más joven. Los propios procesos de aprendizaje, el simple hecho de pensar, estimulan la formación de conexiones nuevas y la consolidación de las ya existentes. Pensar no gasta el cerebro, lo rejuvenece.

¿Por qué les explico todo esto? Por un motivo muy sencillo: se ha visto que aprender, incorporar nuevos conocimientos a los que ya tenemos mediante el estudio y la reflexión, no solo potencia la plasticidad neural y, en consecuencia, beneficia nuestra vida mental en todos sus aspectos, sino que también influye en las modificaciones epigenéticas de algunos genes de actuación cerebral, favoreciendo su función. Los datos de los que se dispone hasta la fecha son pocos, pero muy significativos.

Por ejemplo, se ha visto que durante los procesos de aprendizaje se activan los genes de la familia *DNMT*, que, como se explicó en el capítulo 4, son los encargados de realizar metilaciones epigenéticas en el ADN. Una de las zonas del cerebro donde se activan con más intensidad es en el denominado **hipocampo**, que es el centro gestor de la memoria. La memoria reside por todo el cerebro, en forma de conexiones y redes neuronales, pero el hipocampo actúa de centro gestor. Como ya he comentado antes, viene a ser algo así como la lista de preferidos de un buscador de Internet. En estas listas no están todas las páginas web asociadas, sino únicamente la dirección donde se encuentran. Pues bien, el hipocampo almacena la información de qué redes neurales sostienen cada aprendizaje, todos nuestros recuerdos y aptitudes, tanto los que hacemos conscientemente como los inconscientes.

También se ha visto que estos genes se activan en la denominada **corteza frontal**, que es la zona del cerebro encargada de la racionalización, de la planificación y del control ejecutivo. Para ver exactamente qué función tienen estos genes en esta zona del cerebro se han realizado experimentos en los que se ha suprimido su actividad en ratones. Si estos genes no se expresan correctamente en la corteza frontal, los ratones afectados son capaces de aprender cosas nuevas, pero no pueden recuperar las memorias anteriores.

Estos procesos de aprendizaje no solo incrementan la metilación epigenética de algunos genes, sino que en otros producen el efecto opuesto, y los desmetilan. El epigenoma es complejo y dinámico, como he comentado en diversas ocasiones. En concreto, se ha visto que esta desmetilación se produce en dos genes muy concretos, denominados *REELN* y *BDNF* (factor neurotrófico derivado del cerebro, del cual he hablado en diversas ocasiones). Ambos están implicados en la plasticidad neural, por lo que su desmetilación debe interpretarse como una manera de incrementar la capacidad del cerebro para establecer nuevas sinapsis, nuevas conexiones neuronales. Y eso es lo que hace falta para incorporar nuevos conocimientos, y también es lo que hace que el cerebro se mantenga más joven. De forma opuesta, se ha detectado un incremento de la metilación asociada a los aprendizajes en otros genes en la corteza prefrontal, como, por ejemplo, el denominado **calcineurina** (*Ppp3ca*). La actividad de este gen se relaciona con la supresión de la memoria, y por este motivo debe permanecer silenciado cuando aprendemos cosas nuevas.

De forma paralela, también se ha visto que los aprendizajes incrementan la acetilación epigenética en proteínas histonas que se encuentran cerca de genes implicados en plasticidad neural. Y, simultáneamente, también favorecen que se desacetilen histonas cercanas a genes cuyo efecto es el opuesto, bloquear la formación de nuevas conexiones. Recuérdese del capítulo 4 que la acetilación es un tipo de modificación epigenética que se produce sobre las proteínas histonas y que su función es activar la expresión de los genes que se encuentran cerca. Uno de los genes afectados por estas acetilaciones o desacetilaciones que ha sido más analizado es el *NF-kB*, que se sabe que está implicado en la reconsolidación de la memoria. También se ha visto que los procesos de aprendizaje favorecen la acetilación de las histonas que se encuentran cerca del gen *Fgf1a*, lo que hace que se exprese más. Solo como curiosidad, durante unos años uno de mis temas de investigación en el laboratorio incluía diversos genes perteneciente a la misma familia que *Fgf1*, los denominados *Fgf4* y *Fgf8*, los cuales están implicados en la formación del cerebro. Precisamente, una de las funciones principales de *Fgf1a* es estimular la supervivencia celular, por lo que aprender y pensar son dos procesos que contribuyen a conservar en buena forma las neuronas del cerebro. Dicho de otro modo, el simple hecho de aprender, de reflexionar y de pensar favorece la plasticidad neuronal y la supervivencia celular a través de la activación de los genes que favorecen estos procesos y de la represión de los que los limitan. Y estos procesos contribuyen a mantener el cerebro relativamente más joven.

Para terminar el tema del aprendizaje y la memoria, se ha visto que la consolidación de los recuerdos, es decir, el paso de la denominada **memoria a corto plazo**, que almacena lo que acabamos de aprender pero que se borra con rapidez, a la memoria a largo plazo, que puede durar para siempre, se produce especialmente durante las horas de sueño. Pues bien, la calidad del sueño también condiciona algunas modificaciones epigenéticas. Se ha visto que el hecho de dormir pocas horas o de que el sueño sea de baja calidad disminuye la plasticidad sináptica. Uno de los genes afectados por estas modificaciones epigenéticas, concretamente por acetilaciones en las proteínas histonas que lo acompañan y que, por lo tanto, aumentan su funcionalidad, es el ya conocido *BDNF*, que incrementa la capacidad de las neuronas para establecer nuevas conexiones.

No solo aprender, pensar y dormir bien generan nuevas sinapsis neuronales. En este mismo capítulo he comentado que practicar deporte de manera regular también estimula los mecanismos metabólicos y genéticos que permiten que el cerebro realice nuevas conexiones. Pues bien, ya para terminar este capítulo, también se ha visto que meditar, en cualquiera de sus formas, a través del yoga, del *taichí* o *mindfulness*, también produce efectos tangibles beneficiosos sobre el epigenoma. Desde los años sesenta, y muy especialmente desde que en 1968 los Beatles fueron a la India para hacer un curso de meditación trascendental, muchas técnicas tradicionales orientales de concentración y relajación han ido ganando adeptos en Occidente.

Diversos trabajos publicados esta última década han demostrado que estas técnicas influyen en la conectividad cerebral en distintas regiones del cerebro, entre las que se incluyen las amígdalas, la corteza frontal y prefrontal, las zonas de integración sensorial y motora, etcétera. También han demostrado que estas influencias sobre la conectividad cerebral favorecen el control atencional y la conciencia, incrementan la flexibilidad cognitiva –que es la capacidad de dar respuestas diferentes a un mismo problema y que se relaciona con la creatividad–, potencian el control y la maduración emocional, incrementan la empatía, optimizan el procesamiento cognitivo en la toma de decisiones y estimulan la plasticidad neuronal. Además, también favorecen la función del sistema inmunitario.

En lo que respecta al epigenoma, a pesar de que el número de trabajos todavía no es muy abundante, lo que se sabe ya es suficientemente significativo para que nos hagamos una idea de su influencia. Por ejemplo, se ha visto que la meditación afecta al control epigenético de unos genes llamados *RIPK2* y *COX2*, que tienen funciones antiinflamatorias y antiestrés. Este hecho repercute favorablemente sobre toda la salud general de la persona, puesto que los mecanismos inflamatorios forman parte del sistema inmunitario y el estrés genera una serie de neurohormonas que mantienen la fisiología corporal excesivamente tensionada. También favorecen el metabolismo de las neuronas, por lo que de forma indirecta benefician las funciones cerebrales, entre las cuales cabe destacar la supervivencia neuronal y la plasticidad sináptica.

Finalmente, por citar otro caso, un trabajo publicado a finales de 2016 por un grupo de científicos australianos demostró que la práctica regular de yoga reduce la metilación epigenética en un gen denominado *TNF* (factor de necrosis tumoral, o *tumor necrosis factor*, por sus iniciales en inglés). La función de este gen repercute en el sistema inmunitario, favoreciendo una buena gestión de los procesos inflamatorios y la supervivencia celular.

No quiero extenderme más en este capítulo, porque creo que las conclusiones que podemos sacar son ya muy evidentes. Ejercitar el cuerpo y la mente y evitar hasta donde sea posible las situaciones traumáticas, tanto para nosotros mismos como para todas las demás personas, favorece nuestra calidad de vida a título individual y social, no solo de manera directa e inmediata –que también, por supuesto–, sino, además, a través de las modificaciones epigenéticas de algunos de nuestros genes, cuyo alcance puede abarcar el resto de nuestra vida.

7.
Los pecados
–y las virtudes– de los padres

Se acerca el final del libro, pero todavía debemos avanzar un paso más para terminar de comprender completamente todas las implicaciones de las modificaciones epigenéticas. Regresemos por un momento al genoma, al conjunto de genes que poseemos. Como expliqué en el capítulo 1, todas las personas tenemos nuestro propio genoma, diferente al de cualquier otro individuo. Ya me disculparán, pero esta afirmación no es completamente cierta, porque hay una excepción muy significativa: los gemelos idénticos. Los gemelos comparten el 100 % de su genoma. Embriológicamente, proceden de un único embrión inicial, formado por la fusión de un único óvulo por parte de un único espermatozoide. Tras la fecundación, en los primeros estadios de desarrollo embrionario, cuando el embrión consiste únicamente en una esfera maciza formada por un puñado de células, se parte por la mitad, y cada mitad se desarrolla completamente hasta un ser humano adulto. Esto conlleva que su genoma sea exactamente el mismo, puesto que proceden de un mismo suceso de fecundación. Los mellizos, en cambio, proceden de dos embriones diferentes ya de buen inicio, formados cada uno por la fusión de un óvulo por un espermatozoide diferentes, por eso su similitud genética es la misma que la de dos hermanos cualesquiera, del 50 % de promedio.

Volvamos a los gemelos idénticos. A nadie se le escapa que el parecido entre ellos puede llegar a ser asombroso, pero siempre presentan pequeñas diferencias, por sutiles que muchas veces sean. Y, normalmente, a medida que van pasando los años y se van haciendo mayores, cada vez cuesta menos visualizar estas diferencias. ¿Saben por qué? Por un motivo muy sencillo: su genoma es idéntico en un 99,99 % (siempre hay la posibilidad de que se haya producido alguna pequeña mutación), pero su epigenoma no tiene por qué ser el mismo. De hecho, jamás es exactamente el mismo y, además, va variando con el paso del tiempo, adaptando la expresión del genoma de cada gemelo en función de sus propias experiencias vitales. Tienen las mismas variantes génicas, pero su regulación, es decir, la manera como sus genes funcionan, ha ido cambiando sutilmente a través de la acumulación de modificaciones epigenéticas específicas. Y esto se traduce en las diferencias de aspecto o de comportamiento que al final tienen todos los gemelos.

En el año 2009, la justicia alemana se encontró con un problema imposible de resolver por aquel entonces: parecía que alguien había conseguido realizar el crimen perfecto, con el que sueñan todos los escritores y guionistas de tramas criminales. En enero de ese año, tres atracadores enmascarados y que usaban guantes sustrajeron joyas valoradas en más de seis millones de euros de un lujoso centro comercial de Berlín. Escaparon sin ser detenidos, pero se olvidaron de un pequeño detalle: habían dejado tras de sí una muestra insignificante de ADN en una gota de sudor que quedó atrapada en uno de los guantes de látex que descartaron. Cuando la policía científica lo analizó, encontró una coincidencia en su base de datos. Puesto que cada persona tiene su propio genoma, distinto al de cualquier otra persona, si se analizan suficientes segmentos del ADN, las especificidades que se obtienen establecen una huella genética equivalente a la de una huella dactilar, lo que permite asignar ese ADN a una persona concreta –siempre que se disponga de muestras previas de esa persona para poder compararlas–. Pero la alegría de haber desenmascarado a uno de los criminales se tornó pronto en frustración. El ADN que encontraron en la gota de sudor coincidía con dos personas a la vez, dos gemelos idénticos que ya tenían fichados por hurtos y violencia. Pero resultaba imposible asignarlo a uno de ellos en concreto, puesto que su genoma era idéntico en más de un 99,99 %.

La policía los arrestó y los acusó a ambos del robo, pero un mes después, antes de que el caso llegara a juicio, fueron liberados. Las autoridades judiciales no tuvieron otra opción. Con las pruebas de que disponían, se podía deducir que al menos uno de los hermanos había participado en el crimen, pero resultaba materialmente imposible determinar cuál. Si no se delataban, la acusación no tenía nada que hacer. Y se protegieron el uno al otro.

No era la primera vez que sucedía algo parecido. En 2005, un tribunal de los Estados Unidos tuvo que liberar a dos gemelos acusados de secuestro y violación al no poder determinar a través de las pruebas de ADN si habían participado ambos o solo uno de ellos en el crimen, y en este último caso, cuál de los dos. Actualmente, estos desenlaces podrían haber sido distintos, analizando no solo el genoma, sino también el epigenoma de los gemelos, lo que permitiría distinguirlos con precisión. Crímenes «perfectos» que están dejando de serlo. Las experiencias vitales de cada uno de ellos, por muy parecidas que puedan llegar a ser, nunca son exactamente iguales, y eso deja huella en el epigenoma.

Todos los casos que hemos analizado hasta ahora nos cuentan una misma historia: nuestro estilo de vida y los sucesos con que nos vamos topando en nuestra aventura vital contribuyen a modelar nuestro epigenoma, para bien y para mal. Un estilo de vida equilibrado y saludable y un entorno social relativamente estable donde no se produzcan sucesos excesivamente traumáticos favorecen una buena regulación de nuestros genes a través de modificaciones epigenéticas. Y al contrario también. Nuestro epigenoma depende de aquello que hacemos y de lo que nos sucede, de los azares imponderables de la vida, que muy a menudo no podemos evitar, y también de las decisiones que tomamos, que sí podemos dirigir –o podemos intentar dirigir– a nuestro gusto. Esto es lo que hemos estado viendo hasta ahora. Pero mucha atención, porque no solo depende de esto. Todavía nos queda otro factor que tener en cuenta: los *pecados* y las *virtudes* de nuestros padres.

Empédocles y Zhuangzi

En el capítulo 3 les hablé de un fenómeno epigenético denominado **impronta genómica**. Como les conté, durante la formación de los gametos, tanto de los óvulos como de los espermatozoides, se producen modificaciones epigenéticas de forma automática en algunos genes, las cuales, además, dependen del sexo de cada persona. Si es un hombre, produce espermatozoides, y en ellos se silencian epigenéticamente algunos genes de forma precisa y programada. Esto hace que en los nuevos individuos solo funcione el gen equivalente que han heredado de la madre, pero nunca el del padre. Y viceversa. Si es una mujer, produce óvulos, y en ellos se silencian epigenéticamente otros genes, también de manera precisa y programada, sin ninguna intervención del entorno. Siempre los mismos genes en todas las personas de cada sexo. Se conocen más de trescientos genes improntados, es decir, más de trescientos genes que contienen modificaciones epigenéticas distintas en función de si los hemos heredado de nuestra madre, a través del óvulo que contribuyó a nuestro ser, o de nuestro padre, a través del espermatozoide correspondiente.

Dicho de otro modo: los progenitores contribuimos a establecer marcas epigenéticas en las células sexuales que darán lugar a nuestros hijos. O, si lo prefieren, también se puede interpretar al revés: nuestros descendientes tienen modificaciones epigenéticas en sus genes que se establecieron en los gametos que produjimos nosotros. En esta impronta genética, sin embargo, la responsabilidad de los padres para con estas modificaciones parece ser nula, puesto que se establecen de forma automática y programada. ¿Es siempre así? Si todos los procesos biológicos estuviesen programados para que se produjesen siempre de la misma manera, exactamente igual, sin variaciones, la supervivencia y la evolución de la vida no serían posibles. Uno de los procesos relacionados con la supervivencia de los organismos es la capacidad de adaptación, que implica que no todos los individuos de una especie respondan siempre de la misma manera ante cualquier cambio. Adaptarse es acomodarse a las condiciones del entorno. Como he comentado diversas veces, las modificaciones epigenéticas constituyen un mecanismo que permite adaptar el funcionamiento de los genes a las condiciones externas en que vive un organismo, para que se acomode a ellas.

La adaptación de los seres vivos a su entorno no es una idea moderna, aunque su desarrollo científico sí lo sea. Empédocles de Agrigento (490-430 a. C.), filósofo y político de la Grecia clásica, relacionó la capacidad de adaptación de los individuos con la generación y la aniquilación de los seres vivos, una suerte de hipótesis evolutiva primigenia. Otro gran pensador de la antigüedad, Zhuangzi (369-290 a. C.), filósofo taoísta chino que vivió en la época de los denominados **Reinos Combatientes**, también mencionó en sus escritos que las formas de vida tienen una habilidad innata para adaptarse a su entorno.

La capacidad de adaptación forma parte intrínseca de la vida, por lo que las modificaciones epigenéticas no pueden ser solo un proceso automático programado para que se produzcan siempre de la misma manera, como preguntaba retóricamente hace unas líneas. Ni tan siquiera puede ser así cuando se producen durante la formación de los óvulos y de los espermatozoides. Para facilitar que nuestros descendientes se adapten a su entorno, ¿qué mejor manera hay que proporcionándoles ya de partida algunas modificaciones epigenéticas específicas, no solo las automáticas y generales?

Esto, en cierto modo, ya lo sabíamos. ¿Recuerdan cuando al inicio del capítulo 5 les hablé de la gran hambruna holandesa? Como les comenté, las personas que nacieron poco después de este episodio, es decir, que se encontraban en el período de desarrollo gestacional cuando sus madres sufrieron la hambruna, presentaban años después de nacer niveles de obesidad y de trastornos psiquiátricos como esquizofrenia y depresión significativamente superiores a la media. También eran mucho más propensos a padecer otras patologías, como hipertensión, enfermedades coronarias y diabetes de tipo 2, entre otras. De alguna manera, durante esta etapa de gestación, los embriones y los fetos adquieren modificaciones epigenéticas que alteran el funcionamiento de algunos de sus genes en función de las circunstancias vitales de sus madres.

El motivo biológico es simple: favorecer que tras el nacimiento se encuentren tan *adaptados* como sea posible a esas circunstancias, aunque visto desde la perspectiva humana a menudo cueste entender por qué estas adaptaciones pueden conllevar enfermedades y trastornos diversos. Pero es así.

Todavía nos faltan muchas cosas por conocer, e interpretar los complejos fenómenos vitales únicamente desde una perspectiva antropocéntrica o desde la dicotomía excluyente de «bueno o malo», «útil o perjudicial» no siempre da buenos resultados. Si la hambruna se hubiese prolongado durante décadas, posiblemente estas modificaciones habrían sido beneficiosas. Por ejemplo, si favorecen la obesidad es porque asimilan mejor los alimentos, y cuando hay escasez, esto puede ser una gran ventaja –que en esa situación, además, no propicia la obesidad–. Y en lo que respecta a los trastornos psiquiátricos, en situaciones de altísima competitividad para conseguir alimentos, tal vez los individuos menos reflexivos y más impulsivos tengan también ciertas ventajas. De lo que no hay duda es de que los sucesos que acaecen a las madres mientras están gestando condicionan el epigenoma de sus hijos.

Otro ejemplo muy significativo de esta relación fue publicado en 2014 por un grupo de investigación de Toronto, en Canadá. Según este trabajo, la obesidad materna y el consumo excesivo de grasas saturadas durante el embarazo propician la manifestación de enfermedades metabólicas y problemas de conducta en los descendientes a través de la alteración de la expresión de diversos genes. En concreto, identificaron cambios de expresión en genes relacionados con los receptores de corticoides en los descendientes de madres que consumían grasas saturadas en exceso.

Los corticoides son unas hormonas del grupo de los esteroides que participan en una gran variedad de mecanismos fisiológicos, incluyendo la regulación de la inflamación, del funcionamiento del sistema inmunitario, del metabolismo de los hidratos de carbono y de la respuesta frente al estrés, entre otros. Por un lado, las alteraciones en el metabolismo de los hidratos de carbono y en la regulación de los procesos inflamatorios e inmunitarios justifican el desarrollo de diversas enfermedades metabólicas, incluida la diabetes de tipo 2, patologías coronarias, hipertensión, etcétera. Por otro, los cambios en la respuesta al estrés, que se hacen muy evidentes durante la adolescencia, se ha visto que son debidos a cambios en la expresión de estos genes en determinadas regiones del cerebro, especialmente en el hipocampo, que es el centro gestor de la memoria, y en las amígdalas, que son las agrupaciones de neuronas que generan las emociones. En conjunto, estos cambios favorecen que se produzcan alteraciones significativas en los comportamientos relacionados con la ansiedad.

Todo esto puede parecer lógico con los conocimientos que ya tenemos con respecto al epigenoma. Pero la implicación del estilo de vida paterno y materno en las modificaciones epigenéticas de sus descendientes es todavía mucho más profunda, porque, como se ha visto, se inicia incluso antes de que estos sean concebidos. Sí, tal como leen. Actualmente disponemos de un número considerable de estudios muy potentes que indican que el estilo de vida de la madre no solo influye en las modificaciones epigenéticas que se establecen en los embriones y en los fetos durante el embarazo, sino directamente en los óvulos antes de la concepción, como mínimo desde la adolescencia. Y, en el caso de los padres, también su estilo de vida queda reflejado en algunas modificaciones epigenéticas en sus espermatozoides, antes de concebir a sus hijos, también como mínimo desde la adolescencia. La responsabilidad epigenética para con nuestros descendientes empieza al menos durante esta etapa vital, mucho antes de que ni tan siquiera hayamos decidido si vamos a querer ser madres o padres. Hasta cierto punto, nuestros hijos heredan nuestros pecados –y también nuestras virtudes– (de ahí el título que he elegido para este capítulo).

Por ejemplo, se ha visto que el hecho de practicar ejercicio físico moderado de forma regular durante la adolescencia propicia determinadas modificaciones epigenéticas en los espermatozoides que favorecen la salud general de los descendientes futuros a través de una mejor regulación del metabolismo y de la capacidad de gestionar el estrés. Según un trabajo publicado en 2013, algunos de los genes afectados en este hecho tienen relación con la gestión corporal de las grasas y con el metabolismo de los hidratos de carbono.

También la dieta paterna antes de la concepción influye en el epigenoma de los espermatozoides. Según un estudio publicado en 2010, una dieta excesivamente rica en grasas saturadas favorece modificaciones epigenéticas en un gen denominado *Il13ra* que inducen intolerancia a la glucosa. Y se ha visto que el estrés paterno induce cambios epigenéticos en algunos genes que se expresan en el hígado, como, por ejemplo, el *Sfmtb2*, lo que produce hiperglucemia en los descendientes. La hiperglucemia consiste en tener niveles de azúcar anormalmente altos en sangre y se relaciona con diversas enfermedades metabólicas, como, por ejemplo, diversos tipos de diabetes.

Tal vez se estén preguntando por qué hablo del efecto del ejercicio físico, de la dieta y del estrés de los hombres sobre el epigenoma de sus espermatozoides y no del equivalente en mujeres sobre sus óvulos. Muy sencillo: hay muy pocos estudios de este tipo realizados con los óvulos. Pero no es una cuestión de discriminación por razón de género, sino de facilidad de análisis. Resulta que, durante la fecundación, los espermatozoides solo aportan su material genético a los descendientes, incluidas las modificaciones epigenéticas que pueda contener, pero nada más. Los óvulos, en cambio, además del material genético con sus modificaciones epigenéticas, también aportan todo el resto de los componentes celulares a sus descendientes. En este sentido, se sabe que la dieta, el estrés y el ejercicio físico practicados por las mujeres afectan a la calidad de todos estos otros componentes celulares, lo que directamente puede influir en los nuevos individuos. Esto hace que sea más complejo discriminar entre los efectos epigenéticos de los óvulos y los producidos por todo el resto de los componentes celulares. En los espermatozoides es mucho más sencillo: solo cuentan las modificaciones epigenéticas. Pero esto no implica que el epigenoma de los óvulos no sea importante y que no se modifique con el estilo de vida de las mujeres. Es exactamente igual de valioso que el de los espermatozoides, y el estilo de vida de la madre lo afecta exactamente igual.

Hay muchísimos más datos sobre el efecto del estilo de vida paterno en el epigenoma de los espermatozoides (que, como acabo de decir, es paralelo al del efecto materno sobre el epigenoma de los óvulos). Por ejemplo, se ha visto que los progenitores masculinos que han sufrido o sufren el síndrome de estrés postraumático pueden presentar modificaciones epigenéticas en los espermatozoides que disminuyen la esperanza de vida de sus descendientes. Y lo mismo sucede con el consumo de sustancias tóxicas. Esto es especialmente relevante durante la adolescencia, que es la edad en la que se suele empezar a consumir drogas, tabaco y alcohol. Se ha visto, por ejemplo, que el humo del tabaco induce modificaciones epigenéticas en los espermatozoides que pueden afectar a la salud de los descendientes todavía no concebidos. Lo mismo sucede con el alcohol. En este caso, además de afectar a la salud de los descendientes a través del metabolismo de los hidratos de carbono y de las grasas, también se ha visto que favorece patrones de consumo excesivo o crónico de alcohol a través de genes que regulan determinadas funciones cerebrales. Es decir, predispone a los descendientes a reproducir el patrón de consumo de estas sustancias. Y también se ha demostrado este efecto con la marihuana, que afecta negativamente aspectos mentales en los descendientes, como la capacidad de motivación. Incluso se ha visto que la contaminación atmosférica puede alterar el epigenoma de los espermatozoides.

Podría seguir citando más trabajos, pero, como llevo diciendo en todos los capítulos, creo que con estos ejemplos es suficiente para ver que, desde la perspectiva epigenética, nuestros hijos heredan hasta cierto punto nuestros *pecados* y nuestras *virtudes*. La responsabilidad para con ellos empieza mucho antes de que decidamos concebirlos. No puedo evitar que este hecho me remita a una famosa frase bíblica: «Yo, Yavé, tu Dios, soy un Dios celoso, que castigo la iniquidad de los padres en los hijos hasta la tercera y cuarta generación de los que me odian» (Éxodo, capítulo 20, versículo 5). ¿Hasta la tercera o cuarta generación? ¿Es posible que las modificaciones epigenéticas se mantengan durante varias generaciones? ¿Nuestros nietos, y tal vez nuestros bisnietos, también pueden llegar a heredar nuestros pecados y nuestras virtudes?

Lamarck y Darwin

Voy a contarles un experimento absolutamente sorprendente realizado en 2014 por dos investigadores del Departamento de Psiquiatría y Ciencias del Comportamiento de la Facultad de Medicina de la Universidad de Emory en Atlanta, en los Estados Unidos. Los ratones, unos animales de los que ya he hablado en diversas ocasiones, puesto que se usan mucho en investigación biomédica por su gran similitud genética con los humanos, del 95 %, tienen una capacidad visual muy inferior a la nuestra. No perciben los colores y sus ojos no pueden enfocar más allá de quince centímetros. Sin embargo, presentan una capacidad olfativa asombrosa. Son capaces de distinguir cantidades ínfimas de sustancias olfativas a grandes distancias, que usan para «olisquear» la presencia de comida y de congéneres con los que interactuar. También son capaces de distinguir con total claridad los olores asociados a peligros potenciales, para evitarlos.

Estos investigadores usaron una sustancia olorosa denominada **acetofenona** que es completamente inocua y que los ratones interpretan como neutra, es decir, para ellos no indica ni una posible fuente de alimento o de otros ratones ni tampoco la existencia de un peligro potencial. Por ello tienden a ignorarla. Para este experimento usaron machos, por los motivos que he comentado en el apartado anterior: los espermatozoides que fabrican solo transmiten el material genético a los descendientes, sin ninguna influencia del resto de los componentes celulares. Diseñaron unas jaulas en las que, justo después de liberar esta sustancia olorosa neutra, se producía una descarga eléctrica de baja intensidad, molesta pero no dolorosa. A las pocas veces de producirse la descarga eléctrica justo después de que hubiesen olido esta sustancia, los ratones aprendieron a asociar ambos hechos, y a partir de ese momento cada vez que olían la hasta entonces neutra acetofenona salían huyendo para ponerse a salvo de la descarga eléctrica, con independencia de que esta se llegase a producir o no. Una vez que los ratones habían aprendido a relacionar este olor con las molestias de la descarga eléctrica, lo recordaban toda la vida, aunque la descarga ya no se produjese nunca jamás. Hasta aquí no hay nada nuevo, puesto que este tipo de experimentos son todo un clásico de lo que se viene en llamar **aprendizaje condicionado**.

Las sorpresas vienen ahora. Aparearon estos machos con hembras normales, que no habían pasado por ningún proceso de aprendizaje condicionado como este, y examinaron a sus descendientes. La primera vez que liberaron acetofenona en la jaula donde estaban los descendientes, ¡estos salieron huyendo como habrían hecho sus padres! Pero resulta que a estos descendientes no se les había condicionado para temer a este olor. No podían saber de ninguna manera que después de olerlo podía producirse una descarga eléctrica molesta. Pero, de algún modo, habían adquirido este «conocimiento» de sus padres. ¿Imaginan cómo?

Estoy convencido de que todos los lectores lo deben haber acertado: a través de modificaciones epigenéticas. Como estos mismos investigadores comprobaron, la asociación entre el olor a acetofenona y la descarga eléctrica en los padres había introducido metilaciones epigenéticas en un gen concreto de los espermatozoides denominado *Olrf151*. Este gen está implicado en la producción de determinados receptores olfativos. Simplemente, a través de esta modificación epigenética, los descendientes temían ya directamente este olor, al cual nunca antes se habían enfrentado. Los padres habían adaptado el epigenoma de sus hijos a través de los espermatozoides para que no sufrieran las molestias de una descarga eléctrica, la que ellos habían aprendido a asociar con la acetofenona.

Pero la historia no termina aquí. Cuando aparearon estos descendientes para obtener una nueva generación, que correspondería con los nietos de los ratones iniciales, ¡resultó que los nietos también salían huyendo de la acetofenona aunque a sus padres jamás se les hubiese dado ninguna descarga eléctrica! El miedo a esta sustancia se transmitía más allá de una generación, no solo para adaptar a los hijos, sino también a los nietos. Y, como se comprobó luego, ¡también a los bisnietos!, aunque ninguna generación intermedia hubiese recibido descargas eléctricas. ¿Hasta cuándo se hereda el miedo a la acetofenona? Pues aquí está una de las claves: solo durante tres o cuatro generaciones. Luego se pierden estas modificaciones epigenéticas y el olor a la acetofenona pasa a ser de nuevo completamente neutro en todos los sentidos. Si durante dos o tres generaciones el miedo al olor de la acetofetona no da ninguna ventaja adaptativa, ¿para qué conservarlo?

¿Puede ser, pues, que los *pecados* y las *virtudes* de los padres se transmitan epigenéticamente a los descendientes durante diversas generaciones? Como se ha comprobado en otros casos, en algunas ocasiones se produce esta transmisión transgeneracional, que es como se la llama, pero jamás supera las tres o cuatro generaciones. Se ha estudiado la transmisión transgeneracional de las modificaciones epigenéticas en diversos aspectos asociados al metabolismo, con idénticos resultados a los descritos. Por ejemplo, se ha visto que, en ratones, una alimentación excesivamente rica en grasas produce modificaciones epigenéticas en algunos genes relacionados con la insulina que se transmiten a través de los espermatozoides a los hijos, a los nietos y hasta los bisnietos, pero no más allá de esta generación, y que estos cambios incrementan la probabilidad de que estas generaciones padezcan diabetes. Estudios de correlación realizados en poblaciones humanas han dado resultados similares, lo que ha llevado a los investigadores a especular que este podría ser uno de los motivos por los que el número de personas afectadas de diabetes está aumentando a nivel mundial, especialmente en los países desarrollados.

Efectos parecidos se han detectado también con el consumo de sustancias tóxicas, como, por ejemplo, el consumo de marihuana. En este sentido, parece ser que consumir marihuana durante la adolescencia incrementa la probabilidad de que los descendientes padezcan determinadas enfermedades psiquiátricas, y que puede suceder hasta la tercera generación. La responsabilidad epigenética para con nuestros descendientes, pues, no se limita a los hijos, sino que también llega a los nietos y, en algunas circunstancias, hasta a los bisnietos. Cabe remarcar aquí que en todos los casos estamos hablando de probabilidades. Intervienen muchos factores, y estadísticamente es imposible asegurar que todos los hijos y los nietos de los adolescentes que han fumado marihuana o que han seguido dietas excesivamente ricas en grasas van a padecer tal o cual tipo de enfermedad. Muchos tal vez nunca la manifiesten. Repito, es cuestión de probabilidades, que se ven aumentadas en estos casos con respecto a la población general.

Pero no todo son efectos negativos en esta transmisión transgeneracional de algunas modificaciones epigenéticas. También se ha visto que determinadas modificaciones epigenéticas relacionadas con una dieta saludable y con la realización de ejercicio físico moderado con regularidad se pueden transmitir hasta tres o cuatro generaciones en beneficio del metabolismo y de otros aspectos de gestión del comportamiento. Nuestro epigenoma depende, pues, de los azares de la vida, de nuestras decisiones y, también, de algunas decisiones de nuestros padres y abuelos. Y el epigenoma de nuestros descendientes depende de los azares con que la vida vaya a sorprenderlos, de sus propias decisiones y, también, hasta cierto punto, de las decisiones que tomemos nosotros, incluso antes de concebirlos.

Cuando se hicieron públicos estos resultados de transmisión transgeneracional, rápidamente hubo quien los asoció con la teoría de la evolución propuesta por Jean-Baptiste Lamarck. Hablé de ella en el capítulo 1. Como les conté al principio del libro, para Lamarck el motor principal de la evolución es la herencia de los caracteres adquiridos. La idea es muy simple e intuitiva, aunque errónea. Cuando un organismo necesita algo para sobrevivir y adaptarse al medio donde vive, simplemente se ve impulsado por una fuerza interna para desarrollarlo y, una vez hecho, sus descendientes lo heredan directamente. En cierto sentido puede parecer que esta transmisión transgeneracional es precisamente esto, adquirir unas modificaciones epigenéticas para transmitirlas a los descendientes. La propuesta de Lamarck es muy intuitiva, puesto que la evolución cultural y tecnológica funciona de esta manera. Cuando queremos solucionar alguna cosa, diseñamos algún instrumento que nos ayude, el cual pasa a formar parte del pósito tecnológico o cultural de la humanidad, que heredan los descendientes.

Ello ha llevado al surgimiento de lo que se ha venido en llamar **neolamarckismo**, una visión renovada de la herencia de los caracteres adquiridos a la que se han incorporado las modificaciones epigenéticas que se pueden transmitir transgeneracionalmente. Pero sigue sin ser cierto. Esta transmisión transgeneracional se pierde a las tres o cuatro generaciones, por lo que no puede contribuir a la evolución. La evolución de las especies sigue recayendo en el mecanismo propuesto por Charles Darwin, la selección natural, que también les comenté en el capítulo 1, al cual se han incorporado desde mediados del siglo xx otros procesos, como las mutaciones, que constituyen en conjunto la teoría sintética de la evolución –o neodarwinismo–. La teoría sintética de la evolución ha demostrado ser cierta en multitud de experimentos y casos analizados. Las mutaciones, que consisten en cambios en la secuencia de nucleótidos del ADN, se transmiten de generación en generación para siempre.

Así, el papel de las modificaciones epigenéticas sigue siendo el de adaptar el funcionamiento de los genes a las condiciones externas de forma relativamente dinámica –a diferencia de las mutaciones, que son permanentes–, lo que no quita la posibilidad en algunos casos de una transmisión transgeneracional que abarque tres o cuatro generaciones, pero nunca más. Y esta transmisión se ha comprobado en un número muy reducido de condiciones y de genes. En la mayoría de los casos no parece producirse. Las modificaciones epigenéticas juegan un papel crucial e importantísimo para la supervivencia de los organismos, pero no dirigen la evolución de las especies. El propio Darwin, sin conocer la existencia ni de los genes ni de las modificaciones epigenéticas, en 1809 escribió que «no es la especie más fuerte la que sobrevive, ni la más inteligente, sino la que responde mejor a los cambios». Las modificaciones epigenéticas forman parte de esta respuesta a los cambios. La naturaleza es compleja y adaptable, y los mecanismos evolutivos han favorecido que tengamos un epigenoma complejo para adaptarnos mejor al medio donde vivimos.

Una muestra de esta complejidad y adaptabilidad la encontramos de nuevo en el caso de la denominada **gran hambruna holandesa**, uno de los muchos episodios dramáticos que se produjeron durante la Segunda Guerra Mundial. Ha salido varias veces desde que lo introduje, al inicio de esta tercera parte del libro, en el capítulo 5. Comenté que las personas que en esa época estaban siendo gestadas por madres que sufrieron la hambruna presentan modificaciones epigenéticas que afectan a su metabolismo, a diversos aspectos de su salud y, también, a aspectos concretos del comportamiento. Esto es cierto, pero se trata de una simplificación. Cuando los datos que el servicio de salud holandés había recogido se analizaron con más detalle, se vio que los efectos sobre los descendientes no eran exactamente los mismos si la hambruna los había afectado durante el primer tramo de gestación o durante el último.

Si los había afectado durante el primer tramo, no manifestaban ninguna tendencia al sobrepeso, pero cuando llegaban a la edad adulta y tenían hijos, estos sí manifestaban esta tendencia. En este caso, no afectaba a los hijos, pero sí a los nietos. En cambio, si les había afectado durante el segundo tramo de gestación, entonces los hijos eran los que manifestaban la tendencia al sobrepeso, pero no ya sus nietos, que la perdían. Ciertamente, la naturaleza es compleja y adaptable. Sabemos muchas cosas sobre el epigenoma, pero son muchas más las que todavía desconocemos. Es fantástico pensar en todo lo que todavía podemos llegar a conocer, ¿no les parece?

Se acerca el momento de terminar este capítulo, pero no quiero hacerlo sin antes terminar de contarles un par de experimentos que, sin habérselo advertido, he dejado expresamente a medias. En el capítulo 1, justo al inicio, les comenté el caso de un grupo de investigadores de la Universidad McGill en Quebec que en 2004 habían analizado de qué manera los cuidados que reciben las ratas durante los primeros días después de nacer condicionan su epigenoma e influyen en su comportamiento futuro. Según los resultados que obtuvieron, si no reciben atención de sus madres, se producen modificaciones epigenéticas en genes relacionados con los receptores glucocorticoides, los cuales están implicados en la gestión del estrés, lo que hace que cuando son adultas se comporten de manera más agresiva y cuiden menos a sus crías.

De manera paralela, en el capítulo 6 les comenté los experimentos realizados por tres investigadores del Instituto de Zoología de la Universidad de Ratisbona, en Alemania. En este caso, si forzaban a crías de ratón a pasarse tres horas cada día completamente solas durante un par de semanas después del nacimiento, al llegar a la adultez mostraban niveles más altos de ansiedad y de agresividad y una menor capacidad para gestionar situaciones de estrés. También tenían más dificultades para cuidar de sus propias crías. En este caso, los genes afectados tenían relación con los neurotransmisores vasopresina y oxitocina. Estas mismas correlaciones se han observado también en las personas.

Pues bien, estos dos casos tienen todavía un paso más, que encierra una paradoja muy interesante. Las madres así criadas, con pocos cuidados y «sensación» de abandono, una vez llegan a la adultez y tienen sus propias crías, se comportan también de la misma manera poco atenta. Esto hace que también cuiden poco a sus crías, las cuales se pueden «sentir» abandonadas, lo que genera, nuevamente, las mismas modificaciones epigenéticas. Unas hijas que, a su vez, reproducirán el mismo patrón de comportamiento, condicionadas por su epigenoma. Y el ciclo se podrá repetir una y otra vez. No estoy hablando aquí de la transmisión transgeneracional de las modificaciones epigenéticas, sino de que estas se establecen completamente de nuevo en cada generación, favorecidas por una misma situación externa que las facilita. Un círculo vicioso que ha demostrado ser cierto, pero que, por suerte, con el tiempo va desapareciendo. Parece ser que a cada nueva generación son un poco más atentas, lo que termina por romper el círculo. Pero puede no ser inmediato, lo que tiene importantes repercusiones en las personas que han sufrido algún tipo de abandono u otros episodios de maltrato durante su niñez. Saberlo y reconocerlo, sin embargo, es un paso de gigante para evitar que se reproduzca.

Lo mismo se puede aplicar, por ejemplo, a las modificaciones epigenéticas inducidas por un consumo excesivo de alcohol, de las que también he hablado, las cuales aumentan las probabilidades de que los descendientes también consuman alcohol en exceso, repitiéndose el proceso. Conocer los secretos del epigenoma es avanzar decididamente en la comprensión de nuestra naturaleza para reconocernos como somos e intentar corregir aquello que no nos gusta.

8.
El futuro de la epigenética

La ciencia es un conjunto de conocimientos estructurados que se obtienen siguiendo métodos observacionales, hipotético-deductivos o experimentales claramente establecidos, de los que se deducen principios y leyes generales con capacidad predictiva. Esto permite que cualquier investigador en cualquier lugar del mundo pueda reproducir un experimento para comprobar, ampliar o falsar los resultados previamente obtenidos. El conocimiento científico, pues, se enraíza fuertemente en el pasado, en los datos, hipótesis y teorías existentes, a partir de los cuales se van construyendo día a día nuevos conocimientos. Pero si algo caracteriza también este método de obtener conocimiento es que mira siempre hacia el futuro. En un libro de divulgación científica como este, pues, no puede faltar un último capítulo para hablar del futuro.

Hablar del futuro de la epigenética es como abrir un libro con solo un puñado de páginas escritas y el resto todavía en blanco, esperando que los científicos las vayan completando. Es mucho lo que sabemos si lo comparamos con lo que sabíamos hace tan solo veinte o treinta años, pero todavía es mucho más lo que nos falta por aprender. A lo largo del libro ya he mencionado este extremo varias veces. Se espera mucho de los proyectos internacionales que hay en marcha, como el Proyecto Epigenoma Humano, y de la multitud de equipos que trabajan en campos más concretos, pero no por ello menos interesantes, relacionados con la epigenética.

El Proyecto Epigenoma Humano, que se encuentra bajo los auspicios del Consorcio Internacional para el Epigenoma Humano (International Human Epigenome Consortium, o IHEC), cuenta con la participación de diversos países en todo el mundo, entre los cuales destacan los Estados Unidos, Canadá, la Unión Europea en su conjunto, Japón, Australia, Hong Kong, Singapur y Corea del Sur. Terminada ya la primera fase, consistente en establecer el patrón básico del epigenoma humano, que fue publicado en 2015, ahora pretende establecer hasta un millar de epigenomas con el objetivo de poder comparar las diferencias existentes entre ellos. Para que nos hagamos una idea de cómo ha estado creciendo la investigación en el campo de la epigenética en estas últimas tres décadas, en 1990 se publicaron menos de cien trabajos científicos sobre epigenética y epigenoma, en el 2000 fueron unos trecientos y en 2010 se superaron los tres mil. Y en 2017, cuando empecé a escribir este libro, la cifra superó los once mil trabajos publicados desde el 1 de enero de ese año hasta el 31 de diciembre.

Enfermar

Uno de los campos donde la epigenética está dando más frutos es en el relacionado con las enfermedades cancerosas. Como he comentado diversas veces a lo largo del libro, uno de los descubrimientos relativamente recientes más importante en el campo de las enfermedades oncológicas ha sido que muchos procesos tumorales se inician por errores en las regulaciones epigenéticas, las cuales pueden silenciar erróneamente genes supresores de tumores –que son los encargados de mantener la proliferación celular a raya– o hacer que los oncogenes se expresen sin control –los oncogenes son los encargados de estimular la división celular.

Pero no es el único caso, en absoluto. A lo largo del libro hemos visto que la alteración del epigenoma puede producir muchos efectos y muy variados. Enfermedades cerebrales como el párkinson y alzhéimer, la depresión o la esquizofrenia, también pueden verse favorecidas por determinados cambios epigenéticos. Incluso el aprendizaje los provoca, y los azares de la vida pueden alterar el epigenoma favoreciendo determinados tipos de comportamiento. Hipertensión, diabetes, enfermedades coronarias, autoinmunitarias, procesos inflamatorios, etcétera; los ejemplos que he ido citando son también muchos y variados, y es de prever que se amplíen a medida que se vaya profundizando en su estudio.

Hay una pregunta que surge de todos estos datos. Si determinadas alteraciones en el epigenoma pueden producir una miríada de trastornos, ¿no sería posible corregirlos alterando de nuevo las modificaciones epigenéticas correspondientes? ¿Puede existir una terapia epigenética? No solo puede existir, sino que en algunos casos ya se está ensayando. Para terminar el libro, vamos a hablar de las posibilidades de la terapia epigenética.

Curar

Intuitivamente, si se identifica que el origen de una enfermedad, pongamos por ejemplo de un proceso tumoral, es debida a una metilación excesiva de determinados genes, lo más lógico es pensar en usar algún tipo de fármaco que elimine este exceso de grupos metilo. Estos fármacos ya existen, y algunos de ellos se encuentran en fase de prueba. Consisten en sustancias, como por ejemplo las denominadas **decitabina** y **procainamida**, que bloquean la acción de las DNMT. Recuerde el lector del capítulo 4 que las DNMT (o metiltransferasas del ADN) son las enzimas encargadas de unir los grupos metilo a las zonas adecuadas del material genético (las islas CG de las que también he hablado). Si se inhibe la acción de estas enzimas, las células cancerosas, cuando se dividen, no pueden metilar sus genes, lo que en teoría podría ayudar a restablecer el patrón epigenético normal.

El problema, todavía no resuelto, es que estas sustancias bloqueantes no distinguen unos genes de otros, lo que provoca un patrón global de hipometilaciones, que puede tener otros efectos secundarios. De hecho, la procainamida como fármaco que bloquea las DNMT se descubrió de forma accidental, por sus efectos secundarios. Se trata de un anestésico que se había usado años atrás y que se abandonó porque provocaba inestabilidades cromosómicas, como roturas. Precisamente, estas inestabilidades eran debidas a su efecto inhibidor de las metilaciones epigenéticas. En este sentido, los trabajos actuales pretenden dirigir estos agentes a zonas concretas del cuerpo, a las células tumorales, para que ignoren y no alteren las metilaciones de las demás.

De forma paralela, también se están ensayando fármacos que inhiben la acción de las enzimas deacetilasas, que controlan el grado de acetilación de las proteínas histonas. Recuerde el lector que en el capítulo 4 también hablé de este otro tipo de modificaciones epigenéticas que se producen sobre las histonas que acompañan al ADN. Algunos de estos fármacos son el butirato y el fenilbutirato, los cuales también presentan efectos secundarios importantes, puesto que no distinguen las células sobre las que deben actuar. También en este caso, los trabajos actuales pretenden dirigir estos agentes a células concretas y conseguir que ignoren y no alteren las acetilaciones de las demás.

A principios de 2018 había más de treinta fármacos diferentes que actúan sobre las modificaciones epigenéticas en fase de experimentación clínica o preclínica. Veamos algunos ejemplos concretos. Por ejemplo, uno de los efectos de la diabetes es la degeneración de los capilares sanguíneos que riegan la retina, lo que termina provocando ceguera. Se ha visto que esta retinopatía, que es como se conoce esta patología, se debe, entre otros factores, a diversos cambios epigenéticos que afectan genes como los denominados *Sod2*, *MMP-9* y *LSD1*, entre otros. Pues bien, se ha ensayado el uso de agentes bloqueantes de las DNMT como la 5-azacitidina y la 5-aza-20-desoxicitidina, lo que ha permitido reducir la afectación de las personas afectadas. En el caso de las dolencias oculares, sin embargo, el número de posibles efectos secundarios se reduce drásticamente, puesto que los fármacos se pueden suministrar directamente dentro del globo ocular, sin que afecten a otros sistemas. La Food and Drug Administration de los Estados Unidos (equivalente a un Ministerio de Sanidad y Consumo, para entendernos) ha aprobado ya su uso comercial. Pruebas similares se han realizado para tratar disfunciones cardíacas causadas por errores epigenéticos y también algunas patologías cerebrales como la esquizofrenia y diversos problemas metabólicos, como la obesidad.

También los efectos que causan los traumas de infancia sobre el epigenoma de algunos genes, que cursan en forma de ansiedad, síndrome de estrés postraumático, estrés crónico, depresión, etcétera, podrían ser revertidos con estos fármacos. No se ha estudiado en personas, sino en roedores. En los primeros experimentos que se realizaron, se vio que el uso indiscriminado de agentes que actúan sobre las acetilaciones de las histonas no solo no disminuye estos efectos, sino que los empeora. Sin embargo, estudios posteriores demostraron que si estos fármacos se acompañan de tratamiento psicológico, el efecto es claramente positivo. Parece ser que, si se hace revivir el trauma a los individuos afectados al mismo tiempo que se les suministran los fármacos, los efectos sobre la ansiedad, el estrés, la depresión, etcétera, disminuyen significativamente. Esto es debido a que, al revivir el trauma, se activan los mismos genes, y de alguna forma esta activación sirve de baliza para la acción de los productos farmacológicos. Es, por así decir, una manera de atraerlos hacia las células y los genes donde deben actuar.

De igual modo se están ensayando terapias epigenéticas para tratar el dolor, especialmente el crónico y la fibromialgia. Un trabajo publicado en 2017, por ejemplo, identificó alteraciones en las modificaciones epigenéticas de las histonas asociadas a determinados genes implicados en la nocicepción. La nocicepción es el proceso neuronal mediante el cual se codifican y procesan los estímulos potencialmente dañinos contra los tejidos. Se considera que en algunos casos el dolor crónico puede ser debido a una activación anómala de los genes implicados en este proceso, por lo que el restablecimiento del epigenoma podría llegar a ser un tratamiento efectivo en estos casos.

Curiosamente, se ha visto que algunos fármacos tradicionales también actúan a este nivel, el de las modificaciones epigenéticas, sin que se supiese hasta ahora, lo que abre un sinfín de nuevas posibilidades de estudio. Por ejemplo, en 1962 se empezó a utilizar un fármaco conocido como **valproato** –que, por cierto, fue descubierto mucho antes, en 1881– para tratar determinados problemas cerebrales, como el trastorno bipolar. Conocido antiguamente como psicosis maniacodepresiva, el trastorno bipolar incluye un conjunto de trastornos del ánimo que se caracterizan por fluctuaciones notorias en el humor, el pensamiento, el comportamiento y la capacidad de realizar actividades de la vida diaria. Pues bien, se ha visto que este producto farmacológico actúa inhibiendo algunas enzimas implicadas en modificaciones epigenéticas, como las deacetilasas encargadas de regular el patrón de acetilación de las histonas y las DNMT, que metilan el ADN. También se ha descubierto que el efecto antidepresivo de otro fármaco conocido como SAM (las iniciales de S-adenosil-L-metionina) es debido, al menos en parte, a su acción sobre la metilación del ADN, en este caso incrementándola.

Y todavía podemos remontarnos más atrás en el tiempo. Diversos estudios realizados en centros de investigación en China, el último de los cuales fue publicado a finales de 2017, han proporcionado pruebas de que algunos medicamentos tradicionales de esta cultura, lo que se viene llamando **medicina tradicional china**, basados en la combinación de hierbas medicinales, actúan también sobre el epigenoma. A pesar de que no aportan datos concretos de esta interacción, el análisis de los principios activos que contienen puede arrojar luz sobre estos procesos y proporcionar la base para generar nuevos medicamentos más eficaces y controlados. Según este trabajo publicado en 2017, el 29,8 % de los 48.491 principios activos contenidos en las 3.294 hierbas medicinales usadas por la medicina tradicional china pueden actuar sobre el epigenoma.

Pero no hace falta ir tan lejos. Uno de los muchos remedios de las abuelas, por ejemplo contra el resfriado y el dolor de garganta o contra la dermatitis o la conjuntivitis, entre otras dolencias, se basa en el uso del tomillo en forma de infusión. Pues bien, se ha visto que uno de los principios activos del tomillo, un grupo de sustancias químicas denominadas **flavonas**, pueden actuar sobre las metilaciones del ADN.

Nuevamente quiero advertirles aquí sobre el uso de medicinas alternativas. El hecho de que algunos productos tradicionales actúen sobre el epigenoma no implica que estos mismos productos puedan curarnos de cualquier dolencia, especialmente de las graves. Si alguien les dice que con una infusión de hierbas, por muchas que haya y muy sonoros que sean sus nombres, se van a curar de cáncer, alzhéimer, etcétera, por favor, no le crean. Ciertamente, los principios activos que contienen las hierbas medicinales hacen que puedan ser efectivas contra dolencias simples, como un dolor de garganta, o como adyuvantes en algunos aspectos de tratamientos farmacológicos, pero la cantidad de los principios activos que contienen y su especificidad no es en absoluto suficiente para curar enfermedades graves. Ninguna. Lo que les he contado en estos últimos párrafos debe interpretarse como la posibilidad –y me atrevo a decir necesidad– de que la medicina científica examine estos principios activos para que experimentalmente pruebe cuáles pueden ser útiles en cada caso, en qué cantidad y con qué tipo de tratamiento.

Amar

Los trabajos sobre el epigenoma son cada vez más abundantes e irán en aumento como lo han hecho hasta ahora. Es todavía un campo de investigación muy joven, pero, como espero que el lector haya podido apreciar, el número de posibilidades es muy alto y su importancia, enorme, lo que le augura un futuro muy prometedor.

Sin el epigenoma, nuestro genoma no funcionaría correctamente –de hecho, no funcionaría en absoluto–, y sin el genoma la vida no sería posible. El epigenoma va ligado a nuestra vida, y nuestro estilo de vida lo condiciona. Como hemos ido viendo a lo largo de los capítulos precedentes, dependen el uno del otro. Conocer el epigenoma, cómo se producen las modificaciones epigenéticas y qué factores las condicionan es una herramienta muy potente para comprender por qué somos como somos, por qué enfermamos y qué podemos hacer al respecto. Como he ido repitiendo también varias veces, la mejor manera para tener un epigenoma que nos sea favorable, es decir, que nos permita mantener una buena calidad de vida, es llevar una vida tan sana como sea posible en lo que respecta a la alimentación y la práctica deportiva, evitando el consumo de sustancias tóxicas, ocupando nuestra mente en actividades proactivas que nos estimulen y evitando, en nosotros mismos y en los que nos rodean, las situaciones traumáticas. Aunque pueda parecer una redundancia, la mejor manera de vivir dignamente es viviendo con dignidad.

He dejado un trabajo especialmente emotivo para el final. No sé si se habrán fijado, pero en una de las dedicatorias del libro cito a mi esposa, «por modificar mi epigenoma de la mejor manera posible, a través de la amistad y del amor». También hice un comentario similar en el capítulo 1, con relación a un amigo, «con quien llevo más de cuarenta años de amistad compartida, lo que, sin duda, ha influido en nuestros respectivos epigenomas». ¿El amor y la amistad también modifican el epigenoma? Pues sí. Y hay varios trabajos al respecto.

Por ejemplo, en un trabajo publicado en abril de 2018, mientras estaba dando los últimos retoques a este libro, se examinó cómo las relaciones de amistad y el sentimiento de unión a la pareja modifican el epigenoma. No se realizó en personas, sino en unos animales muy curiosos con los que también compartimos más del 90 % del genoma, los llamados **perritos de las praderas**. Los perritos de las praderas son unos roedores —no son perros, aunque el nombre común parezca indicar lo contrario— muy utilizados en estudios de sociabilidad, tanto desde la perspectiva sociológica como también biológica y genética. Viven en grupos sociales razonablemente amplios, muestran solidaridad entre ellos y preferencias en sus relaciones de «amistad» y tienen una relación monógama con su pareja que dura toda la vida. En este trabajo final que les comento, se vio que las relaciones de amistad y la relación con la pareja condicionan modificaciones epigenéticas en uno de los genes relacionados con la vasopresina, el gen *V1aR*. Se trata de uno de los receptores de este neurotransmisor, que está implicado en la sensación de miedo y la respuesta a esta emoción. Concretamente, favorece su sociabilidad y disminuye el estrés provocado por las posibles amenazas del entorno, lo que genera sociedades más armónicas. Aunque no se ha analizado en personas, parece que la amistad y el amor también benefician nuestro epigenoma.

Bibliografía

Libros de divulgación complementarios

Bueno, D. (2016). *Cerebroflexia. El arte de construir el cerebro.* Barcelona: Plataforma Editorial.

Carey, N. (2013). *La revolución epigenética.* Vilassar de Dalt: Intervención Cultural.

Esteller, M. (2017). *No soy mi ADN.* Barcelona: RBA.

Francis, R. C. (2012). *Epigenetics: How Environment Shapes Our Genes.* Nueva York: W. W. Norton.

Libros académicos

Allis, C. D. (ed.) (2015). *Epigenetics.* Nueva York: Cold Spring Harbour Laboratory Press.

Armstrong, L. (2013). *Epigenetics.* Nueva York: Garland Science.

Bueno, D. (2018). «Bases moleculares y celulares de la herencia biológica», en: Redolar Ripoll, D. *Psicobiología.* Madrid: Editorial Médica Panamericana.

Rosenfeld, C. (ed.) (2015). *The Epigenome and Developmen-*

tal Origins of Health and Disease. Cambridge (Massachusetts): Academic Press.

Artículos especializados

Adhikari, S., y Curtis, P. D. (2016). «DNA methyltransferases and epigenetic regulation in bacteria», *FEMS Microbioly Reviews*, vol. 40, n.º 5, pp. 575-591.

Ahuja, N.; Sharma, A. R., y Baylin, S. B. (2016). «Epigenetic Therapeutics: A New Weapon in the War Against Cancer», *Annual Review of Medicine*, vol. 67, pp. 73-89.

Ambatipudi, S.; Cuenin, C.; Hernandez-Vargas, H.; Ghantous, A.; Le Calvez-Kelm, F.; Kaaks, R.; Barrdahl, M.; Boeing, H.; Aleksandrova, K.; Trichopoulou, A.; Lagiou, P.; Naska, A.; Palli, D.; Krogh, V.; Polidoro, S.; Tumino, R.; Panico, S.; Bueno-de-Mesquita, B.; Peeters, P. H.; Quirós, J. R.; Navarro, C.; Ardanaz, E.; Dorronsoro, M.; Key, T.; Vineis, P.; Murphy, N.; Riboli, E.; Romieu, I., y Herceg, Z. (2016). «Tobacco smoking-associated genome-wide DNA methylation changes in the EPIC study», *Epigenomics*, vol. 8, n.º 5, pp. 599-618.

Anderson, O. S.; Sant, K. E., y Dolinoy, D. C. (2012). «Nutrition and epigenetics: an interplay of dietary methyl donors, one-carbon metabolism and DNA methylation», *The Journal of Nutritional Biochemistry*, vol. 23, n.º 8, pp. 853-859.

Balanyà, J.; Oller, J. M.; Huey, R. B.; Gilchrist, G. W., y Serra, L. (2006). «Global genetic change tracks global climate warming in *Drosophila subobscura*», *Science*, vol. 313, n.º 5.794, pp. 1.773-1.775.

Bale, T. L. (2015). «Epigenetic and transgenerational reprogramming of brain development», *Nature Reviews Neuroscience*, vol. 16, n.º 6, pp. 332-344.

Balter, M. (2015). «Can epigenetics explain homosexuality puzzle?», *Science*, vol. 350, n.º 6.257, p. 148.

Barrès, R., y Zierath, J. R. (2016). «The role of diet and exercise in the transgenerational epigenetic landscape of T2DM», *Nature Reviews Endocrinology*, vol. 12, n.º 8, pp. 441-451.

Bevilacqua, L., y Goldman, D. (2011). «Genetics of emotion», *Trends in Cognitive Sciences*, vol. 15, n.º 9, pp. 401-408.

Block, T., y El-Osta, A. (2017). «Epigenetic programming, early life nutrition and the risk of metabolic disease», *Atherosclerosis*, vol. 266, pp. 31-40.

Breton, C. V.; Siegmund, K. D.; Joubert, B. R.; Wang, X.; Qui, W.; Carey, V.; Nystad, W.; Håberg, S. E.; Ober, C.; Nicolae, D.; Barnes, K. C.; Martinez, F.; Liu, A.; Lemanske, R.; Strunk, R.; Weiss, S.; London, S.; Gilliland, F., y Raby, B. (2014). «Prenatal tobacco smoke exposure is associated with childhood DNA CpG methylation», *PLoS One*, vol. 9, n.º 6, e99716.

Brown, W. M. (2015). «Exercise-associated DNA methylation change in skeletal muscle and the importance of imprinted genes: a bioinformatics meta-analysis», *British Journal of Sports Medicine*, doi: 10.1136/bjsports-2014-094073.

Bueno, D.; Parvas, M., y Garcia-Fernàndez, J. (2014). «The embryonic blood-cerebrospinal fluid barrier function before the formation of the fetal choroid plexus: role in cerebrospinal fluid formation and homeostasis», *Croatian Medical Journal*, vol. 55, n.º 4, pp. 306-316.

Bueno, D.; Parvas, M.; Hermelo, I., y Garcia-Fernàndez, J. (2014). «Embryonic blood-cerebrospinal fluid barrier formation and function», *Frontiers in Neuroscience*, vol. 8, p. 343.

Carlberg, C.; Seuter, S.; Nurmi, T.; Tuomainen, T. P.; Virtanen, J. K., y Neme, A. (2018). «*In vivo* response of the human epigenome to vitamin D: A Proof-of-principle study», *The Journal of Steroid Biochemistry and Molecular Biology*, pii: S0960-0760(18)30003-7.

Chakraborty, N.; Muhie, S.; Kumar, R.; Gautam, A.; Srinivasan, S.; Sowe, B.; Dimitrov, G.; Miller, S. A.; Jett, M, y Hammamieh, R. (2017). «Contributions of polyunsaturated fatty acids (PUFA) on cerebral neurobiology: an integrated omics approach with epigenomic focus», *The Journal of Nutritional Biochemistry*, vol. 42, pp. 84-94.

Chango, A., y Pogribny, I. P. (2015). «Considering maternal dietary modulators for epigenetic regulation and programming of the fetal epigenome», *Nutrients*, vol. 7, n.º 4, pp. 2.748-2.770.

Chastain, L. G., y Sarkar, D. K. (2017). «Alcohol effects on the epigenome in the germline: Role in the inheritance of alcohol-related pathology», *Alcohol*, vol. 60, pp. 53-66.

Comerford, K. B., y Pasin, G. (2017). «Gene-Dairy Food

Interactions and Health Outcomes: A Review of Nutrigenetic Studies», *Nutrients*, vol. 9, n.º 7, p. 710.

Corella, D.; Coltell, O.; Macian, F., y Ordovás, J. M. (2018). «Advances in Understanding the Molecular Basis of the Mediterranean Diet Effect», *Annual Review of Food Science and Technology*, vol. 9, pp. 227-249.

De Castro Barbosa, T.; Ingerslev, L. R.; Alm, P. S.; Versteyhe, S.; Massart, J.; Rasmussen, M.; Donkin, I.; Sjögren, R.; Mudry, J. M.; Vetterli, L.; Gupta, S.; Krook, A.; Zierath, J. R., y Barrès, R. (2015). «High-fat diet reprograms the epigenome of rat spermatozoa and transgenerationally affects metabolism of the offspring», *Molecular Metabolism*, vol. 5, n.º 3, pp. 184-197.

Denham, J. (2018). «Exercise and epigenetic inheritance of disease risk», *Acta Physiologica* (Oxford), vol. 222, n.º 1, e12881.

Dias, B. G., y Ressler, K. J. (2014). «Parental olfactory experience influences behavior and neural structure in subsequent generations», *Nature Neuroscience*, vol. 17, n.º 1, pp. 89-96.

Eggertson, L. (2010). «Lancet retracts 12-year-old article linking autism to MMR vaccines», *Canadian Medical Association Journal*, vol. 182, n.º 4, pp. E199-E200.

Ehlert, T.; Simon, P., y Moser, D. A. (2013). «Epigenetics in sports», *Sports Medicine*, vol. 43, n.º 2, pp. 93-110.

Elliott, E.; Ezra-Nevo, G.; Regev, L.; Neufeld-Cohen, A., y Chen, A. (2010). «Resilience to social stress coincides with functional DNA methylation of the *Crf* gene in adult mice», *Nature Neuroscience*, vol. 13, n.º 11, pp. 1.351-1.353.

Farris, S. P.; Harris, R. A., y Ponomarev, I. (2015). «Epigenetic modulation of brain gene networks for cocaine and alcohol abuse», *Frontiers in Neuroscience*, vol. 9, p. 176.

Gaine, M. E.; Chatterjee, S., y Abel, T. (2018). «Sleep Deprivation and the Epigenome», *Frontiers in Neural Circuits*, vol. 12, p. 14.

Geraghty, A. A.; Lindsay, K. L.; Alberdi, G.; McAuliffe, F. M., y Gibney, E. R. (2016). «Nutrition During Pregnancy Impacts Offspring's Epigenetic Status-Evidence from Human and Animal Studies», *Nutrition and Metabolic Insights*, vol. 8 (supl. 1), pp. 41-47.

Ghosh, S., y Bouchard, C. (2017). «Convergence between biological, behavioural and genetic determinants of obesity», *Nature Reviews Genetics*, vol. 18, n.º 12, pp. 731-748.

Gonzalez-Nahm, S.; Mendez, M.; Robinson, W.; Murphy, S. K.; Hoyo, C.; Hogan, V., y Rowley, D. (2017). «Low maternal adherence to a Mediterranean diet is associated with increase in methylation at the *MEG3-IG* differentially methylated region in female infants», *Environmental Epigenetics*, vol. 3, n.º 2, dvx007.

Grazioli, E.; Dimauro, I.; Mercatelli, N.; Wang, G.; Pitsiladis, Y.; Di Luigi, L., y Caporossi, D. (2017). «Physical activity in the prevention of human diseases: role of epigenetic modifications», *BMC Genomics*, vol. 18 (supl. 8), p. 802.

Griffin, E. A. Jr.; Melas, P. A.; Zhou, R.; Li, Y.; Mercado, P.; Kempadoo, K. A.; Stephenson, S.; Colnaghi, L.; Taylor, K.; Hu, M. C.; Kandel, E. R., y Kandel, D. B. (2017). «Prior alcohol use enhances vulnerability to compulsive cocaine self-administration by promoting degradation of HDAC4 and HDAC5», *Science Advances*, vol. 3, n.º 11, e1701682.

Haggarty, P. (2012). «Nutrition and the epigenome», *Progress in Molecular Biology and Translational Science*, vol. 108, pp. 427-446.

Hamm, C. A., y Costa, F. F. (2015). «Epigenomes as therapeutic targets», *Pharmacology & Therapeutics*, vol. 151, pp. 72-86.

Harkess, K. N.; Ryan, J.; Delfabbro, P. H., y Cohen-Woods, S. (2016). «Preliminary indications of the effect of a brief yoga intervention on markers of inflammation and DNA methylation in chronically stressed women», *Translational Psychiatry*, vol. 6, n.º 11, e965.

Heerboth, S.; Lapinska, K.; Snyder, N.; Leary, M.; Rollinson, S., y Sarkar, S. (2014). «Use of epigenetic drugs in disease: an overview», *Genetics & Epigenetics*, vol. 6, pp. 9-19.

Heyward, F. D., y Sweatt, J. D. (2015). «DNA Methylation in Memory Formation: Emerging Insights», *The Neuroscientist*, vol. 21, n.º 5, pp. 475-489.

Hsieh, H. Y.; Chiu, P. H., y Wang, S. C. (2011). «Epigenetics in traditional chinese pharmacy: a bioinformatic study at pharmacopoeia scale», *Evidence-Based Comple-*

mentary and Alternative Medicine, vol. 2.011, art. ID: 816714.

Hu, Q., y Baeg, G. H. (2017). «Role of epigenome in tumorigenesis and drug resistance», *Food and Chemical Toxicology*, vol. 109 (parte 1), pp. 663-668.

Hu, X. Q., y Su, S. B. (2017). «An overview of epigenetics in Chinese medicine researches», *Chinese Journal of Integrative Medicine*, vol. 23, n.º 9, pp. 714-720.

Ideraabdullah, F. Y., y Zeisel, S. H. (2018). «Dietary Modulation of the Epigenome», *Physiological Reviews*, vol. 98, n.º 2, pp. 667-695.

Jangra, A.; Sriram, C. S.; Pandey, S.; Choubey, P.; Rajput, P.; Saroha, B.; Bezbaruah, B. K., y Lahkar, M. (2016). «Epigenetic Modifications, Alcoholic Brain and Potential Drug Targets», *Annals of Neurosciences*, vol. 23, n.º 4, pp. 246-260.

Jarome, T. J.; Thomas, J. S., y Lubin, F. D. (2014). «The epigenetic basis of memory formation and storage», *Progress in Molecular Biology and Translational Science*, vol. 128, pp. 1-27.

Kaliman, P.; Alvarez-López, M. J.; Cosín-Tomás, M.; Rosenkranz, M. A.; Lutz, A., y Davidson, R. J. (2014). «Rapid changes in histone deacetylases and inflammatory gene expression in expert meditators», *Psychoneuroendocrinology*, vol. 40, pp. 96-107.

Kanwal, R.; Datt, M.; Liu, X., y Gupta, S. (2016). «Dietary Flavones as Dual Inhibitors of DNA Methyltransferases and Histone Methyltransferases», *PLoS One*, vol. 11, n.º 9, e0162956.

Kelly, A. D., e Issa, J. J. (2017). «The promise of epigenetic therapy: reprogramming the cancer epigenome», *Current Opinion in Genetics & Development*, vol. 42, pp. 68-77.

Khan, S. N.; Jankowska, A. M.; Mahfouz, R.; Dunbar, A. J.; Sugimoto, Y.; Hosono, N.; Hu, Z.; Cheriyath, V.; Vatolin, S.; Przychodzen, B.; Reu, F. J.; Saunthararajah, Y.; O'Keefe, C.; Sekeres, M. A.; List, A. F.; Moliterno, A. R.; McDevitt, M. A.; Maciejewski, J. P., y Makishima, H. (2013). «Multiple mechanisms deregulate *EZH2* and histone H3 lysine 27 epigenetic changes in myeloid malignancies», *Leukemia*, vol. 27, n.º 6, pp. 1.301-1.309.

Kokare, D. M.; Kyzar, E. J.; Zhang, H.; Sakharkar, A. J., y Pandey, S. C. (2017). «Adolescent Alcohol Exposure-Induced Changes in Alpha-Melanocyte Stimulating Hormone and Neuropeptide Y Pathways via Histone Acetylation in the Brain During Adulthood», *International Journal of Neuropsychopharmacology*, vol. 20, n.º 9, pp. 758-768.

Kozuka, C.; Kaname, T.; Shimizu-Okabe, C.; Takayama, C.; Tsutsui, M.; Matsushita, M.; Abe, K., y Masuzaki, H. (2017). «Impact of brown rice-specific γ-oryzanol on epigenetic modulation of dopamine D2 receptors in brain striatum in high-fat-diet-induced obesity in mice», *Diabetologia*, vol. 60, n.º 8, pp. 1.502-1.511.

Kudinova, A. Y.; Deak, T.; Deak, M. M., y Gibb, B. E. (2017). «Circulating Levels of Brain-Derived Neurotrophic Factor and History of Suicide Attempts in Women», *Suicide Life-Threatening Behavior*, doi: 10.1111/sltb.12403.

Lee, H. S. (2015). «Impact of Maternal Diet on the Epigenome during *In Utero* Life and the Developmental Programming of Diseases in Childhood and Adulthood», *Nutrients*, vol. 7, n.º 11, pp. 9.492-9.507.

Lewis, K. A., y Tollefsbol, T. O. (2017). «The influence of an epigenetics diet on the cancer epigenome», *Epigenomics*, vol. 9, n.º 9, pp. 1.153-1.155.

Lisoway, A. J.; Zai, C. C.; Tiwari, A. K., y Kennedy, J. L. (2017). «DNA methylation and clinical response to antidepressant medication in major depressive disorder: A review and recommendations», *Neuroscience Letters*, vol. 669, pp. 14-23.

Liu, C. D.; Yang, L.; Pu, H. Z.; Yang, Q.; Huang, W. Y.; Zhao, X.; Zhu, L., y Zhang, S. H. (2017). «Epigenetics regulates gene expression patterns of skeletal muscle induced by physical exercise», *Yi Chuan*, vol. 39, n.º 10, pp. 888-896.

Lubin, F. D.; Gupta, S.; Parrish, R. R.; Grissom, N. M., y Davis, R. (2011). «Epigenetic Mechanisms: Critical Contributors to Long-Term Memory Formation», *The Neuroscientist*, vol. 17, n.º 6, pp. 616-632.

Luco, R. F.; Pan, Q.; Tominaga, K.; Blencowe, B. J.; Pereira-Smith, O. M., y Misteli, T. (2010). «Regulation of Alternative Splicing by Histone Modifications», *Science*, vol. 327, n.º 5.968, pp. 996-1.000.

Lukas, M.; Bredewold, R.; Neumann, I. D., y Veenema, A. H. (2010). «Maternal separation interferes with developmental changes in brain vasopressin and oxytocin receptor binding in male rats», *Neuropharmacology*, vol. 58, n.º 1, pp. 78-87.

Maleszka, R. (2008). «Epigenetic integration of environmental and genomic signals in honey bees: the critical interplay of nutritional, brain and reproductive networks», *Epigenetics*, vol. 3, n.º 4, pp. 188-192.

Martin, E. M., y Fry, R. C. (2018). «Environmental Influences on the Epigenome: Exposure- Associated DNA Methylation in Human Populations», *Annual Review of Public Health*, vol. 39, pp. 309-333.

Massart, R.; Barnea, R.; Dikshtein, Y.;, Suderman, M.; Meir, O.; Hallett, M.; Kennedy, P.; Nestler, E. J.; Szyf, M., y Yadid, G. (2015). «Role of DNA methylation in the nucleus accumbens in incubation of cocaine craving», *Journal of Neuroscience*, vol. 35, n.º 21, pp. 8.042-8.058.

Matosin, N.; Cruceanu, C., y Binder, E. B. (2017). «Preclinical and Clinical Evidence of DNA Methylation Changes in Response to Trauma and Chronic Stress», *Chronic Stress*, vol. 1, doi: 10.1177/2470547017710764.

McGowan, P. O.; Sasaki, A.; D'Alessio, A. C.; Dymov, S.; Labonté, B.; Szyf, M.; Turecki, G., y Meaney, M. J. (2009). «Epigenetic regulation of the glucocorticoid receptor in human brain associates with childhood abuse», *Nature Neuroscience*, vol. 12, n.º 3, pp. 342-348.

McGowan, P. O.; Suderman, M.; Sasaki, A.; Huang, T. C.; Hallett, M.; Meaney, M. J., y Szyf, M. (2011). «Broad epigenetic signature of maternal care in the brain of adult rats», *PLoS One*, vol. 6, n.º 2, e14739.

Montrose, L.; Ward, T. J.; Semmens, E. O.; Cho, Y. H.; Brown, B., y Noonan, C. W. (2017). «Dietary intake is associated with respiratory health outcomes and DNA methylation in children with asthma», *Allergy, Asthma & Clinical Immunology*, vol. 13, p.12.

Muka, T.; Koromani, F.; Portilla, E.; O'Connor, A.; Bramer, W. M.; Troup, J.; Chowdhury, R.; Dehghan, A., y Franco, O. H. (2016). «The role of epigenetic modifications in cardiovascular disease: A systematic review», *International Journal of Cardiology*, vol. 212, pp. 174-183.

Niederberger, E.; Resch, E.; Parnham, M. J., y Geisslinger, G. (2017). «Drugging the pain epigenome», *Nature Reviews Neurology*, vol. 13, n.º 7, pp. 434-447.

Nieratschker, V.; Batra, A., y Fallgatter, A. J. (2016). «Genetics and epigenetics of alcohol dependence», *Journal of Molecular Psychiatry*, vol. 1, p. 11.

Parira, T.; Laverde, A., y Agudelo, M. (2017). «Epigenetic Interactions between Alcohol and Cannabinergic Effects: Focus on Histone Modification and DNA Methylation», *Journal of Alcoholism and Drug Dependence*, vol. 5, n.º 2, p. 259.

Parvas, M., y Bueno, D. (2010). «The embryonic blood-CSF barrier has molecular elements to control E-CSF osmolarity during early CNS development», *Journal of Neuroscience Research*, vol. 88, n.º 6, pp. 1.205-1.212.

Phan, M. L., y Bieszczad, K. M. (2016). «Sensory Cortical Plasticity Participates in the Epigenetic Regulation of Robust Memory Formation», *Neural Plasticity*, vol. 2.016, art. ID: 7254297.

Philibert, R., y Erwin, C. (2015). «A Review of Epigenetic Markers of Tobacco and Alcohol Consumption», *Behavioral Sciences & The Law*, vol. 33, n.º 5, pp. 675-690.

Plusquin, M.; Guida, F.; Polidoro, S.; Vermeulen, R.; Raaschou-Nielsen, O.; Campanella, G.; Hoek, G.; Kyrtopoulos, S. A.; Georgiadis, P.; Naccarati, A.; Sacerdote, C.; Krogh, V.; Bas Bueno-de-Mesquita, H.; Monique Verschuren, W. M.; Sayols-Baixeras, S.; Panni, T.; Peters, A.; Hebels, D. G. A. J.; Kleinjans, J.; Vineis, P., y Chadeau-Hyam, M. (2017). «DNA methylation and exposure to ambient air pollution in two prospective cohorts», *Environment International*, vol. 108, pp. 127-136.

Pogribny, I. P., y Rusyn, I. (2013). «Environmental toxicants, epigenetics, and cancer», en: Karpf, A. (ed.). *Epigenetic Alterations in Oncogenesis. Advances in Experimental Medicine and Biology*. Nueva York: Springer, vol. 754, pp. 215-232.

Potaczek, D. P.; Harb, H.; Michel, S.; Alhamwe, B. A.; Renz, H., y Tost, J. (2017). «Epigenetics and allergy: from basic mechanisms to clinical applications», *Epigenomics*, vol. 9, n.º 4, pp. 539-571.

Prokopuk, L.; Western, P. S., y Stringer, J. M. (2015). «Transgenerational epigenetic inheritance: adaptation through the germline epigenome?», *Epigenomics*, vol. 7, n.º 5, pp. 829-846.

Provençal, N., y Binder, E. B. (2015). «The effects of early life stress on the epigenome: From the womb to adulthood and even before», *Experimental Neurology*, vol. 268, pp. 10-20.

Ramos-López, O.; Arpón, A.; Riezu-Boj, J. I.; Milagro, F. I.; Mansego, M. L., y Martínez, J. A. (2018). «DNA methylation patterns at sweet taste transducing genes are associated with BMI and carbohydrate intake in an adult population», *Appetite*, vol. 120, pp. 230-239.

Sadino, J. M., y Donaldson, Z. R. (2018). «Prairie Voles as a Model for Understanding the Genetic and Epigenetic Regulation of Attachment Behaviors», *ACS Chemical Neuroscience*, doi: 10.1021/acschemneuro.7b00475.

Sadri-Vakili, G. (2015). «Cocaine triggers epigenetic alterations in the corticostriatal circuit», *Brain Research*, vol. 1.628 (parte A), pp. 50-59.

Sathyanarayana Rao, T. S., y Andrade, C. (2011). «The MMR vaccine and autism: Sensation, refutation, retraction, and fraud», *Indian Journal of Psychiatry*, vol. 53, n.º 2, pp. 95-96.

Schagdarsurengin, U., y Steger, K. (2016). «Epigenetics in male reproduction: effect of paternal diet on sperm quality and offspring health», *Nature Reviews Urology*, vol. 13, n.º 10, pp. 584-595.

Sharples, A. P.; Stewart, C. E., y Seaborne, R. A. (2016). «Does skeletal muscle have an 'epi'-memory? The role of epigenetics in nutritional programming, metabolic disease, aging and exercise», *Aging Cell*, vol. 15, n.º 4, pp. 603-616.

Singhal, A. (2017). «Early Life Origins of Obesity and Related Complications», *The Indian Journal of Pediatrics*, vol. 85, n.º 6, pp. 472-477, doi: 10.1007/s12098-017-2554-3.

Sipahi, L.; Wildman, D. E.; Aiello, A. E.; Koenen, K. C.; Galea, S.; Abbas, A., y Uddin, M. (2014). «Longitudinal epigenetic variation of DNA methyltransferase genes is associated with vulnerability to post-traumatic stress disorder», *Psychological Medicine*, vol. 44, n.º 15, pp. 3.165-3.179.

Soci, U. P. R.; Melo, S. F. S.; Gomes, J. L. P.; Silveira, A. C.; Nóbrega, C., y De Oliveira, E. M. (2017). «Exercise Training and Epigenetic Regulation: Multilevel Modification and Regulation of Gene Expression», en: Xiao, J. (ed.). *Exercise for Cardiovascular Disease Prevention and Treatment. Advances in Experimental Medicine and Biology*. Singapur: Springer, vol. 1.000, pp. 281-322.

Soubry, A. (2018). «Epigenetics as a Driver of Developmental Origins of Health and Disease: Did We Forget the Fathers?», *BioEssays*, vol. 40, n.º 1.

Stegemann, R., y Buchner, D. A. (2015). «Transgenerational inheritance of metabolic disease», *Seminars in Cell & Developmental Biology*, vol. 43, pp. 131-140.

Su, D.; Wang, X.; Campbell, M. R.; Porter, D. K.; Pittman, G. S.; Bennett, B. D.; Wan, M.; Englert, N. A.; Crowl, C. L.; Gimple, R. N.; Adamski, K. N.; Huang, Z.; Murphy, S. K., y Bell, D. A. (2016). «Distinct Epigenetic Effects of Tobacco Smoking in Whole Blood and among Leukocyte Subtypes», *PLoS One*, vol. 11, n.º 12, e0166486.

Szutorisz, H., y Hurd, Y. L. (2016). «Epigenetic Effects of Cannabis Exposure», *Biological Psychiatry*, vol. 79, n.º 7, pp. 586-594.

Tachibana, M. (2016). «Epigenetics of sex determination in mammals», *Reproductive Medicine and Biology*, vol. 15, n.º 2, pp. 59-67.

Tapia-Orozco, N.; Santiago-Toledo, G.; Barrón, V.; Espinosa-García, A. M.; García-García, J. A., y García-Arrazola, R. (2017). «Environmental epigenomics: Current approaches to assess epigenetic effects of endocrine disrupting compounds (EDC's) on human health», *Environmental Toxicology and Pharmacology*, vol. 51, pp. 94-99.

Uchida, S., y Shumyatsky, G. P. (2018). «Epigenetic regulation of *Fgf1* transcription by CRTC1 and memory enhancement», *Brain Research Bulletin*, pii: S0361-9230(17)30396-9.

Ungerer, M.; Knezovich, J., y Ramsay, M. (2013). «*In utero* alcohol exposure, epigenetic changes, and their consequences», *Alcohol Research: Current Reviews*, vol. 35, n.º 1, pp. 37-46.

Vaillancourt, K.; Ernst, C.; Mash, D., y Turecki, G. (2017). «DNA Methylation Dynamics and Cocaine in the Brain: Progress and Prospects», *Genes*, vol. 8, n.º 5, E138.

Vassoler, F. M., y Sadri-Vakili, G. (2014). «Mechanisms of transgenerational inheritance of addictive-like behaviors», *Neuroscience*, vol. 264, pp. 198-206.

Veenema, A. H.; Bredewold, R., y Neumann, I. D. (2007). «Opposite effects of maternal separation on intermale and maternal aggression in C57BL/6 mice: link to hypothalamic vasopressin and oxytocin immunoreactivity», *Psychoneuroendocrinology*, vol. 32, n.º 5, pp. 437-450.

Veenema, A. H. (2012). «Toward understanding how early-life social experiences alter oxytocin- and vasopressin-regulated social behaviors», *Hormones and Behavior*, vol. 61, n.º 3, pp. 304-312.

Yuan, T. F.; Li, A.; Sun, X.; Ouyang, H.; Campos, C.; Rocha, N. B. F.; Arias-Carrión, O.; Machado, S.; Hou, G., y So, K. F. (2016). «Transgenerational Inheritance of Paternal Neurobehavioral Phenotypes: Stress, Addiction, Ageing and Metabolism», *Molecular Neurobiology*, vol. 53, n.º 9, pp. 6.367-6.376.

Zimmer, P., y Bloch, W. (2015). «Physical exercise and epigenetic adaptations of the cardiovascular system», *Herz*, vol. 40, n.º 3, pp. 353-360.

Su opinión es importante.
En futuras ediciones, estaremos encantados
de recoger sus comentarios sobre este libro.

Por favor, háganoslos llegar a través de nuestra web:

www.plataformaeditorial.com

Para adquirir nuestros títulos,
consulte con su librero habitual.

«Sin la cultura, y la relativa libertad
que ella supone, la sociedad, por perfecta que sea,
no es más que una jungla.»*
ALBERT CAMUS

«*I cannot live without books.*»
«No puedo vivir sin libros.»
THOMAS JEFFERSON

Plataforma Editorial planta un árbol
por cada título publicado.

* Frase extraída de *Breviario de la dignidad humana* (Plataforma Editorial, 2013).